Torsten Gebhard Helmut Sperber

Alte bäuerliche Geräte aus Süddeutschland

Zweite, neubearbeitete und erweiterte Auflage

BLV Verlagsgesellschaft
München Bern Wien

CIP-Kurztitelaufnahme der Deutschen Bibliothek

Gebhard, Torsten:
Alte bäuerliche Geräte aus Süddeutschland/
Torsten Gebhard; Helmut Sperber. –
2., neubearb. u. erw. Aufl. – München,
Bern, Wien: BLV Verlagsgesellschaft, 1978.
1. Aufl. u.d.T.: Gebhard, Torsten:
Alte bäuerliche Geräte.
ISBN 3-405-11950-2

NE: Sperber, Helmut:

Titelfoto: blv Archiv
Zeichnungen: Margarete Hein, München

Satz und Druck: Georg Wagner, Nördlingen
Buchbinder: Ludwig Auer, Donauwörth

Printed in Germany · ISBN 3-405-11950-2

Inhalt

Vorwort

Als die erste Auflage des Buches »Alte bäuerliche Geräte« vor zehn Jahren erschien, war es ein besonderes Anliegen des Autors, den vielen ehrenamtlichen Leitern von Heimatmuseen im Lande eine erste Orientierung für eine Sammelarbeit zu geben, die damals in Bayern mit nur wenigen Ausnahmen noch in den Anfängen stand. Seitdem ist vieles geschehen, nicht zuletzt im Rahmen des steigenden Interesses für Freilichtmuseen. Diese sind in erster Linie in der Lage, vor allem die großen Gerätschaften wie Pflüge, Eggen, Wagen und Schlitten unterzubringen. Doch auch jene großen Museen, die die volkskundlichen Sachgüter in ihre Sammelarbeit einbeziehen, sind heute dazu übergegangen, gezielt die noch erreichbaren Reste einer alten Gerätekultur zu erfassen. In der Bundesrepublik ist hier das gewaltige Unternehmen, das ARNOLD LÜHNING in Schleswig-Holstein in die Wege geleitet hat, heute leuchtendes Vorbild. Doch auch das Museum für deutsche Volkskunde in Berlin widmet sich von Jahr zu Jahr stärker diesem Sammelgebiet. EDGAR HARVOLK hat 1975 über die Erwerbungen von 1959 bis 1974 in der dortigen Sammlung berichtet. Das Germanische Nationalmuseum in Nürnberg hat im Zusammenhang mit der Darbietung von Trachten und Textilien auch eine Dokumentation zur Textilbereitung – angefangen von der Flachsbearbeitung über Spinnen und Weben bis hin zur Wäschepflege – aufgebaut. Darüber hinaus beabsichtigt es, in den Nebengebäuden des Schlosses Neunhof bei Kraftshof Gerätschaften aus Handwerksbetrieben und der Landwirtschaft auszustellen. Für das Sammeln und die Dokumentation bäuerlicher Gerätschaften aus Franken wird in Zukunft das Bauernmuseum in Bad Windsheim in erster Linie verantwortlich sein. Auch das Bayerische Nationalmuseum in München hat in den letzten Jahren auf diesem Gebiet wesentliche Initiativen ergriffen, insbesondere durch den Erwerb der Sammlung des leider früh verstorbenen Bürgermeisters FRANZ STELZENBERGER aus Pfarrkirchen a. d. Rott, der seinerzeit die Anregung zur ersten Auflage dieses Buches gegeben hatte. Wenn auch die Möglichkeiten einer wissenschaftlichen Erfassung alter bäuerlicher Geräte mit jedem Jahr geringer werden, so hoffen wir doch, mit dieser Neuauflage der Aufgabe einen Dienst zu erweisen. Nicht zuletzt unter dem Gesichtspunkt, daß die Erforschung der materiellen Kultur im Rahmen der Volkskunde ihren gebührenden Platz behält. Geht es doch auch hier um letztlich geistige Hintergründe, die in den Geräten sichtbaren Ausdruck gewinnen.

Bei allen Arbeitsvorgängen betätigt der Mensch mit oder ohne Werkzeug seine Hände. Ohne die Einsicht in die wesenhafte Bedeutung der Hand würde man hier menschlicher Arbeit und menschlichem Denken nicht gerecht. In einem Zeitalter, in dem man gewöhnt ist, Schalter und Knöpfe zu bedienen, gibt man sich meist zu wenig Rechenschaft über die Funktion der Hand. Als die Kunst des Portraitierens noch in hoher Blüte stand, sagte man vielen Künstlern nach, sie verwendeten auf die Darstellung der Hände ebenso viel Fleiß wie auf das Durcharbeiten des Antlitzes. Seien sie doch überzeugt gewesen, daß Hände eine genauso wichtige Aussage über den Menschen machen können wie der Kopf des Dargestellten. In solcher Atelierüberlieferung liegt ohne Zweifel viel Wahres. Mag auch die Form des Hauptes ein Hinweis auf Wesen, Charakterbild und Gedankenwelt des Menschen geben, so künden die Hände von der Mühe des Alltags und von den Erfahrungen, die bei jeglicher Verrichtung erforderlich sind. Die Hand ist und bleibt das kostbarste und vollkommenste Werkzeug oder Gerät, das den Menschen immer in jeder Lage zur Verfügung steht. Das sind uralte Erkenntnisse, die schon ARISTOTELES in seinen Untersuchungen über die Glieder der Geschöpfe ein für allemal formuliert hat: *»Der Mensch hat Hände, weil er das vernünftigste Geschöpf ist. Denn der Vernünftigste kann auch wohl mit den meisten Werkzeugen gut umgehen. Und die Hand bedeutet nicht nur ein Werkzeug, sondern viele; sie ist gleichsam das Werkzeug aller Werkzeuge. Dem Wesen aber, das für die meisten Künste aufnahmefähig ist, hat die Natur die Hand verliehen, also das Werkzeug mit dem weitestgehenden Gebrauch.«* Soweit Aristoteles. Ein Philosoph unserer Tage, KARL JASPERS, führt die Gedanken der Antike fort, wenn er schreibt: *»Die Hand ist ein Werkzeug des Denkens, aber so, daß ihr sinnvolles Tun unmittelbar die Wirklichkeit des Denkens ist, die Lust des Denkens in der Einheit mit der Hand sich vollzieht.«*

Mit Recht sollte jede Betrachtung über Arbeit, Werkzeug und Gerät und jede Einführung in die materielle Volkskultur mit solchen Überlegungen über die Hand einsetzen. Alle Forscher heben hervor, wie wichtig bei vielen Werkzeugen und Geräten ihre individuelle Anpassung an den Arbeitenden ist. Die Hand verleiht dem Werkzeug oder Gerät gleichsam etwas naturhaft Lebendiges, wie umgekehrt der Mensch in der Betätigung seiner Werkzeuge bald die Verstärkung seiner physischen Kräfte erlebt, bald aber auch die Empfindung erhält, wie er in der Handhabung des Gerätes die Leistungsfähigkeit seiner Finger gleichsam verfeinern kann. Bei jeder Arbeit mit Werkzeug und Gerät entsteht förmlich eine Symbiose zwischen der Hand und dem an sich toten Werkzeug. Das gilt nicht nur für die Arbeit eines Künstlers, sondern auch dort, wo ein Holzfäller oder

Schmied schwerste körperliche Arbeit zu leisten hat.
Da das vorliegende Buch in erster Linie Kenntnis von Geräten geben soll, die heute schon dem Gesichtskreis des Alltags entschwunden sind, können die Arbeitsvorgänge selbst nicht im einzelnen beschrieben werden. Es darf daran erinnert werden, daß hier viele volkskundliche Dokumentationsfilme eine wertvolle Hilfe bieten. Wir sind dem Verlag dankbar, daß er mit einer Erweiterung einverstanden war, wodurch die allzu knappe Beschränkung der Themen der ersten Auflage behoben ist. Da in den vergangenen zehn Jahren nicht nur viel gesammelt, sondern auch mancherorts systematisch geforscht wurde, erweitert sich in der Neuauflage der bibliographische Nachweis. Zudem konnte für das altbayerische Gebiet vor allem die Geschichte des Pfluges durch HELMUT SPERBER gründlich untersucht werden.
Es lag daher nahe, ihn mit seinen Forschungsergebnissen selbst zu Wort kommen zu lassen. Darüber hinaus verdanke ich ihm umfangreiche Hilfe bei der Neugestaltung des Textes und der Erstellung der Register, so daß er mit Recht als zweiter Autor im Titel genannt wird.
Nach wie vor muß bedauert werden, daß das hier zusammengetragene Material nicht, wie es bei Prähistorikern üblich ist, in Grundriß, Aufriß, Seitenriß und Schnitt maßstäblich in einem Tafelband zusammengefaßt wird. Solche Dokumentation wird man den internen Museumskatalogen zuweisen müssen. Unser Hauptanliegen bleibt es, gerade den Laien, die ehrenamtlich in den Hunderten von kleinen Sammlungen des Landes tätig sind, eine erste Hilfe, vorzugsweise an Beispielen aus Süddeutschland, zu bieten. Die überwiegende Zahl der Abbildungen besteht wiederum aus Zeichnungen, die uns umso notwendiger erscheinen, als die graphische Wiedergabe letztlich aussagekräftiger bleibt als das Foto. Wir sind glücklich und dankbar, daß, wie im Jahre 1969, MARGARETE HEIN bereitwillig ihre Kunst in den Dienst der Sache gestellt hat. Das ausführliche Sachregister, das die erste Auflage nicht kannte, soll, besonders auch den sprachlich Interessierten, eine Erleichterung bei der Benutzung des Bandes bieten.

Torsten Gebhard

Einführung

Bäuerliche Gerätewelt

Je stärker die Landwirtschaft räumlich zurückgedrängt und technisiert wird, um so lebhafter wird der Wunsch, die mit ihr einst verbundene alte Gerätewelt und die ehemaligen Arbeitsvorgänge festzuhalten. Hinter dieser verschwindenden Welt steht nicht allein ein Kapitel Kulturgeschichte; denn Werkzeug und Gerät können auch ein unmittelbares Zeugnis vom Menschen, der es erfand, herstellte und handhabte, geben. Das Studium von Arbeit und Gerät führt zu einem wesentlichen Punkt des Selbstverständnisses des Menschen. So betrachtet beschränkt sich das Thema nicht allein auf das Fachgebiet der Technologie, der Ethnographie und der Volkskunde, sondern erweist sich als ein Generelles, um das die Kulturgeschichte nicht herum kommt.

Auf diesem Gebiet ist in Bayern noch manches nachzuholen. Dabei ist die Geräteforschung, die sich nicht nur auf die bäuerliche Welt beschränken darf, nicht so sehr eine Frage der Organisation, als vielmehr des persönlichen Einsatzes. Die rund 400 nichtstaatlichen Heimatmuseen des Landes bieten für das Thema ohne Zweifel Ansätze, und zwar immer dann, wenn sich der jeweilige Leiter für dieses Forschungsgebiet besonders interessiert hat. Die Arbeit wird in Zukunft vor allem von den sog. Bauern- und Bauernhofmuseen geleistet werden müssen, wie z. B. in dem oberbayerischen Amerang, dem niederbayerischen Massing, dem oberpfälzischen Perschen, dem schwäbischen Illerbeuren oder demnächst auch in dem fränkischen Bad Windsheim. Eine ganz entscheidende Aufgabe wird darüber hinaus dem Freilichtmuseum des Bezirks Oberbayern an der Glentleiten über Großweil bei Murnau zufallen, zu dessen Programm neben der Haus- auch die Geräteforschung als besonderer Schwerpunkt gehören muß. Grundlage jeglicher Forschung sind in jedem Fall die Geräte in den öffentlichen und privaten Museen und Sammlungen, Landwirtschaftsschulen, Landwirtschaftlichen Berufsschulen und anderen landwirtschaftlichen Anstalten und Instituten sowie die in sonstigem Privatbesitz und noch auf den Höfen der Bauern (in situ) befindlichen Geräte.

Mündliche Überlieferung beim Anfertigen von Geräten

Der Zeitpunkt, bis zu dem die bäuerlichen Geräte eingesammelt werden sollen, ist nicht ganz einfach festzulegen. Grundsätzlich wird man davon ausgehen müssen, daß in erster Linie alle jene Geräte zu sammeln sind, die auf Grund rein mündlicher Überlieferung entstanden. Jeder Bauer, der noch einen Holzzaun errichtet, baut ihn nicht nach einem Lehrbuch und nicht auf Grund eines staatlich gelenkten Unterrichtes, sondern auf die Art und Weise, wie er es von seinen Eltern und Vorfahren durch mündliche Unterweisung und praktische Übung übernommen hat. Kinder stellen sich ihre Weidenpfeifen her, so, wie sie von den älteren Geschwistern und Spielgefährten angewiesen werden. Die Auswahl eines Steckens, der zum Viehtreiben benutzt wird, erfolgt auf Grund ganz persönlicher Erfahrungen. Mit diesen Beispielen sind Grundelemente der urtümlichen Gerätewelt angedeutet.

Es gibt in der Tat Werkzeuge und Geräte, die im Grundprinzip durch Jahrtausende gleich geblieben sind und in Herstellung und Handhabung auf allgemeiner Menschheitserfahrung beruhen, z. B. die Fällaxt. Andere Geräte lassen sich mindestens über große Räume und weite zeitliche Distanzen verfolgen, wie z. B. das Stoßbutterfaß in Mitteleuropa oder die Hainzelbank (Schnitzbank). Solche Erkenntnisse lassen sich manchmal nur mit Hilfe von Bildquellen gewinnen, da die Gegenstände selbst, zum überwiegenden Teil aus vergänglichem Holz gefertigt, uns in Einzelstücken in der Regel erst aus dem Nachmittelalter erhalten sind. Es gibt hierfür Ausnahmen, wie uns vor allem neolithische Holzgegenstände der Schweiz, darunter Schüsseln und hölzerne Kellen, beweisen. Für das Mittelalter liefern uns Brunnenschächte und Abfallgruben, vielfach auch das Gelände schon früh verlassener Burgsitze, wertvolle Materialien.
Manche gelegentliche Bodenfunde sind nur deshalb nicht so gut auswertbar, weil man früher die Bergung nicht immer mit jener Sorgfalt vornahm, die heute bei unseren Archäologen selbstverständlich ist. Die Quellenlage ist auch deshalb für das Mittelalter ungünstig, weil mit dem Ende der Sitte, dem Toten Beigaben im Grabe zu deponieren, diese achtlos untergingen. Sie bestanden vielfach aus Gegenständen des täglichen Lebens. Immerhin wird es ein Hauptanliegen der volkskundlichen Geräteforschung sein müssen, nach und nach die Brücke zur Frühzeit zu schlagen, genauso, wie es etwa von der Haus- oder der Keramikforschung verlangt wird.

Staatliche Lenkung und bäuerliche Geräte

Die Ähnlichkeit der Geräte über weite Räume und ihr auffälliges Vorkommen in Gebieten, in denen die jeweils zugehörige Produktion schwerpunktmäßig betrieben wurde, deuten darauf hin, daß man es hier mit einer gelenkten Intensivierung der Arbeit zu tun hatte. Es müßte noch gelingen, die entsprechenden zeichnerischen Unterlagen für jene »Erfindungen« beizubringen, so, wie uns die Konstruktionszeichnungen für die verbesserten Pflüge des 19. Jh. erhalten sind. Auch die Haspeln mit Zählwerk sind ohne entsprechende Verordnungen der Obrigkeit nicht denkbar. Hier wären auch die Spinnräder mit zwei Spulen für das Flachsspinnen anzuführen. Sie dürften kaum über das 19. Jh. zurückreichen, auch wenn es noch gewisse Varianten in der Form dieser Spinnräder gibt.
Mit anderen Worten: Genau wie im Bereich der Bauernhausformen läßt sich auch in der Spätphase des bäuerlichen Gerätes der Einfluß staatlicher Verwaltungsmaßnahmen nachweisen. Wenn wir davon ausgehen, daß die beiden ältesten Dorfhandwerke das des Zimmermanns und das des Schmieds gewesen sind, so gibt auch dieser Umstand einen gewissen Hinweis auf die bäuerliche Gerätewelt. Ein Unterschied besteht nur insofern, als das Aufgabengebiet des Schmieds, der auch für den Wagner und den Pflugbauer zu arbeiten hatte, nicht so umfassend war wie das der Holzhandwerker. Dafür war es auch stärker spezialisiert. Wenn man von vielen Bauern sagen konnte, sie seien ihr eigener Zimmermann und Schreiner gewesen, so sind die Fälle, in denen der Bauer sein eigener Schmied war, in der Regel nur in Einödgebieten üblich gewesen. Umgekehrt konnte ein Dorfschmied nebenher eine Kleinlandwirtschaft betreiben.

Maschinen in der bäuerlichen Gerätewelt

Bisher wurde vorzugsweise von Arbeitsgeräten, die mit der Hand bedient werden und weiter keinen Mechanismus aufweisen, gesprochen. Man darf aber nicht übersehen, daß in der Welt des historischen bäuerlichen Gerätes auch schon die Maschine eine Rolle gespielt hat, und dies nicht erst im 19. Jh. Da wäre z. B. an den Webstuhl und das Spinnrad mit Fußantrieb zu erinnern oder an die verschiedenen Mühlenformen. Die fränkischen Wasserschöpfräder in der Gegend von Möhrendorf bei Erlangen am Rande der mittelfränkischen Industrielandschaft, die der Wiesenbewässerung seit Jahrhunderten dienten, ganz aus Holz gefertigt sind und auch heute noch ihren Zweck erfüllen, sind im Grunde genommen bäuerliche Maschinen. Sie gehören in das Kapitel der sog. Volkstechnik. Ihr Bau und ihre Arbeitsweise sind bereits in einem vorbildlichen Schmalfilm, der sich im

Deutschen Museum in München befindet und der von der Firma Siemens finanziert wurde, festgehalten. Dieser Film war der erste, der für die Geräteforschung in Bayern zur Verfügung stand.

Die alten Webstühle waren Zimmermannsarbeit, so wie die Spinnräder vom Drechsler hergestellt wurden, dessen Drehbank auch zu den frühen Maschinen zu rechnen ist. Beide dürften dabei nicht mit Werkzeichnungen und Lehrbüchern gearbeitet haben, sondern auch in diesen Fällen auf Grund mündlicher Unterweisung. Dasselbe dürfte bei den Wasserschöpfrädern der Fall sein. Insofern reihen sich derartige Vorrichtungen oder Maschinen der »Volkstechnik« ohne weiteres ein in andere »Konstruktionen« wie Zäune, hölzerne Brücken, hölzerne Wasserleitungen und ähnliche Dinge. Auch die Pflugformen bis um 1800, die Wagen und Ziehschlitten für Holztransporte gehören hierher. Etwas anderes ist es mit jenen »Maschinen«, denen wir im 19. Jh. als neue Erfindungen im bäuerlichen Hausrat begegnen, wie der Putzmühle oder dem Drehbutterfaß.

Erste Sammlungen

Schon der 1812 gegründete »Landwirthschaftliche Verein in Baiern« hatte bald damit begonnen, bäuerliche Geräte zu sammeln. Im Jahr 1835 wies die Sammlung des Vereins schon 251 Nummern auf. Darunter waren freilich auch sehr viele Modelle von Landwirtschaftsbauten, Backöfen und Spinnrädern, von denen man verschiedene Typen kannte, wie z. B. das Wasserburger Spinnrad, das Oberländer Spinnrad, das Unterländer Spinnrad oder ein einfaches Spinnrad aus dem Bayerischen Wald. Ferner wird aufgezählt: Ein Flachsschwingrad mit fünf Schwingen, eine sog. Flachel, die um diese Zeit offenbar neu erfunden wurde. Man wird sofort an die berühmte Sammlung landwirtschaftlicher Gerätemodelle des Erzherzogs Johann erinnert.

Das Schicksal der Modellsammlung des »Landwirthschaftlichen Vereins in Baiern« ist leider nicht eindeutig geklärt. Ein Teil davon lagert im Depot des Deutschen Museums in München, ein anderer, bislang im Besitz der Bayerischen Landesanstalt für Landtechnik in Weihenstephan, wurde vor kurzem dem Bayerischen Nationalmuseum in München für das in nächster Zeit im Alten Schloß in Schleißheim entstehende Gerätemuseum schenkungsweise überlassen. Außerdem ist es möglich, daß das ein oder andere Modell in einem Heimatmuseum verwahrt wird, ohne daß man seine eigentliche Herkunft näher kennt.
Natürlich hatte der »Landwirthschaftliche Verein« die Sammlung unter dem Aspekt der Verbesserung der Landwirtschaft angelegt. Aber die ganze Arbeit stand nicht mehr unter dem Zeichen des Besserwissens der Aufklärungszeit. Man wollte vielmehr jeweils genau beobachten, ob und wieweit Geräte der einen oder anderen Landschaft Bayerns allgemein vorbildlich werden könnten, so, wie man auch auf dem Gebiet des landwirtschaftlichen Bauwesens eine Bestandsaufnahme der Haustypen des Landes anstrebte, um ihre Vor- und Nachteile kennenzulernen.

Systematisches Vorgehen beim Sammeln

Die schon erwähnten Heimatmuseen haben in der ersten Phase etwa in der Zeit von 1890 bis 1940 in der Regel nur zufällig bäuerliche Geräte gesammelt, nicht aber nach einem festen Plan, der jeweils die Gesamtheit der einzelnen Sachgruppen im Auge hat. Heute ist man von der Notwendigkeit systematischen Sammelns überzeugt. Man übersieht jedoch meistens, daß es mit der Sicherstellung des Gerätes und den sorgfältigen Angaben über seine Herkunft und seine volkstümliche Bezeichnung nicht getan ist, daß man vielmehr auch Unterlagen über seine Verwendung und seine Handhabung benötigt. Dazu sind Tonband und Film unerläßlich. Hier ist dankbar auf die Arbeit des Instituts für den Wissenschaftlichen Film in Göttingen und des Instituts für Volkskunde der Kommission für Bayerische Landesgeschichte bei der Bayerischen Akademie der Wissenschaften in München hinzuweisen. Es ist kaum beachtet worden, daß das Bundesdenkmalamt in Wien in den fünfziger Jahren ein Merkblatt für Gerätekunde herausgegeben hat. Es wurde von Universitätsprofessor Dr. Hanns Koren bearbeitet, dem die großartige bäuerliche Gerätesammlung des Steiermärkischen Volkskundemuseums in Graz zu verdanken ist. Noch weniger bekannt sind die intensiven Bemühungen des Ethnographischen Museums in Budapest um die Erfassung der bäuerlichen Gerätewelt des magyarischen Raumes. Von besonderem Interesse ist dabei die systematische Untersuchung des Dorfes Átány, in der die Arbeit des Jahreslaufes mit allen dabei verwendeten Geräten auf das genaueste studiert und festgehalten wurde. Schließlich darf nicht übersehen werden, daß die Deutsche Akademie der Wissenschaften zu Berlin im Rahmen der Arbeit ihres Instituts für Volkskunde systematisch das bäuerliche Arbeitsgerät in den Museen der DDR inventarisiert hat.

Eine solche Arbeit ist heute unerläßlich, weil die mit jeglichem Gerät verbundene mündliche Tradition unter dem Einfluß der Technisierung und Mechanisierung der Landwirtschaft mit größter Beschleunigung zugrunde geht. Dabei wären die Verhältnisse in Bayern gar nicht so ungünstig. Noch immer findet sich hier und da ein Schindelmacher, ein Spankorbflechter, ein Holzschuhmacher, ein Rechenmacher usw. Hier kommt es darauf an, durch persönliche Befragung den Arbeitsvorgang genau festzuhalten. Schwieriger ist dies schon bei dem Thema der Flachsbereitung, da der Flachsanbau im häuslichen Betrieb bei uns aufgehört hat. Hier sind wir bereits darauf angewiesen, ältere Generationen nach ihren Erinnerungen zu befragen und Darstellungen aus der zweiten Hälfte des 19. Jh. zu Rate zu ziehen.

Geographische Feststellungen

Bei der Sammelarbeit sollte man aber darauf achten, auch jene Geräte mit einzubeziehen, die heute noch benutzt werden, aber an sich als Glieder jenes großen Gerätebestandes aufzufassen sind, dessen Herstellung auf mündlicher Überlieferung beruht, wie z. B. die verschiedenen hölzernen Rechenformen. Ein Gerät wie der Holzrechen liefert Material zu gerätegeographischen Überlegungen. Es hat z. B. den Anschein, als gehörte der Blattstielrechen ursprünglich dem ostalpinen baierischen Raum zu, daß er aber auch dort erst relativ spät, vielleicht im 16. Jh., aufgekommen ist. Ein wesentlich höheres Alter dagegen haben der Zwieselrechen und auch der Bügelrechen. Solche geographischen Feststellungen sind aber nur dann möglich, wenn möglichst viele Sammelstationen eingerichtet werden, die man zweckmäßigerweise Beobachtungsstationen nennen sollte. Der Gedanke volkskundlicher Beobachtungsstationen stammt von Wilhelm Heinrich Riehl, der sich dabei meteorologische Stationen als Vorbild dachte. Die genannten Bauernmuseen, die an sich noch vermehrt werden müßten, könnten solche Beobachtungsstationen sein. Ansätze sind darüber hinaus schon gegeben. Hier ist Alfred Oskar Zwink in Oberammergau, Lkr. Garmisch-Partenkirchen zu nennen, der starke Anregungen von dem Kärntner Helmut Prasch erhalten hat und sich intensiv mit der Gerätewelt des Werdenfelser Landes befaßt. Nicht weniger bedeutsam ist die Arbeit des Schulleiters Schmidt in Steinbach a. Wald, Lkr. Kronach für den Frankenwald gewesen. Seine Sammlung befindet sich heute in Bayreuth. Grundsätzlich sollte man von der punktuellen Sammelarbeit im Rahmen einer Gemeinde ausgehen und dann zu größeren Landschaftsräumen kommen.

Grenzen der privaten Forschung

Aus dem angeführten Beispiel sieht man, daß bei einer systematischen Geräteforschung zunächst einmal der Gesamtbestand eines mittleren oder größeren Hofes erfaßt werden muß, um auf dieser Basis einen Maßstab für Vergleiche zu gewinnen. Selbstverständlich ist die Gerätewelt je nach der Betriebs- und Wirtschaftsform eines bäuerlichen Anwesens besonders charakterisiert. Sie wird beim Bergbauern in der Gesamtstruktur etwas anders aussehen als bei einem Körnerbauern des niederbayerischen Flachlandes oder bei einem Weinbauern Unterfrankens. Wenn man also eine Übersicht über die historische bäuerliche Gerätewelt in Bayern gewinnen will, so bedarf es zunächst vieler Belegorte, deren Bestände zu bearbeiten und, soweit erforderlich, durch das nächstgelegene größere Heimatmuseum zu erfassen wären. Als Beispiel für eine derartige Sammlung im Bereich einer Gemeinde wird an die Darstellungen von Oswin Moro für St. Oswald ob Kleinkirchheim im Kärntner Nockgebiet erinnert. In Bayern sind besonders geeignet Gemeinden wie Pfronten bei Füssen, Jachenau und Lenggries bei Bad Tölz, Reit im Winkl bei Traunstein, Vorderfreundorf bei Wolfstein im Bayerischen Wald, Michelrieth bei Marktheidenfeld im Spessart oder Ekkartshausen bei Schweinfurt. Von der Untersuchung einzelner Gemeinden läßt sich dann voranschreiten zur Untersuchung größerer Landschaften.

Erwähnt seien hier die Arbeiten von Helmut

Prasch, der, auf den Untersuchungen Moros aufbauend, eine Gesamtdarstellung der Oberkärntner Bergbauernarbeit, die sich in ihren Geräten zeigt, abschließen konnte, oder von Wilhelm Bomann, dessen Untersuchung über das bäuerliche Hauswesen und Tagewerk in der niedersächsischen Heidelandschaft im Raum Celle nach wie vor beispielgebend ist.
Das dürfte aber auch das Äußerste sein, was ein opferwilliger Liebhaber zustande bringen kann. Bei größeren Räumen, wie sie durch unsere heutige Verwaltungseinrichtung gebildet sind, bedarf es des Einsatzes staatlicher Institute, wie etwa des Schleswig-Holsteinischen Landesmuseums. Dort sammelt Arnold Lühning bereits in jahrelanger Arbeit die gesamte volkstümliche Gerätewelt Schleswig-Holsteins mit dinglichen, aber auch mit Wort- und Bildbelegen und hält in eindringlichen Filmen die Arbeitsvorgänge fest. Als weiteres Beispiel wäre auf die Arbeit des Freilichtmuseums in Kommern hinzuweisen. In Bayern werden die bereits erwähnten Bauern- und Bauernhofmuseen in Amerang, Massing, Perschen, Illerbeuren und Bad Windsheim sowie besonders das neu entstandene Freilichtmuseum an der Glentleiten in Großweil berufen sein, ihre bereits begonnene Arbeit in dem vorgenannten Sinn zu vertiefen und auszudehnen.

Nach diesen grundsätzlichen Überlegungen sollen die Geräte der einzelnen Sachgruppen, die unter dem Begriff des bäuerlichen Gerätes zusammengefaßt sind, kurz geschildert werden. Man kann der Sammelarbeit im wesentlichen jenes Schema zugrunde legen, das Wolfgang Jacobeit in seinem »Ersten Bericht über die Aufnahme des bäuerlichen Arbeitsgerätes in den Museen der DDR« veröffentlicht hat und das sich auf die Landwirtschaft im engeren Sinn konzentriert.
Unser Schema beginnt mit der Bodenbearbeitung, der Ernte und der Tierhaltung, führt über das Nahrungs-, Textil- und Hauswesen sowie den Transport und endet mit der Waldwirtschaft, der aneignenden (Sammel-) Wirtschaft und den Sonderwirtschaften.
Innerhalb dieser Sachgruppen werden die einzelnen Geräte in der Regel in der Reihenfolge ihrer Verwendung bei der bäuerlichen Arbeit oder ihrer mutmaßlichen genetischen Entwicklung behandelt.
An den Anfang wird jedoch noch ein Hinterlassenschaftsinventar über das Vermögen des verstorbenen Halbbauern (der »halbe Hof« ist eine abgabenrechtliche Bezeichnung für die Größe des Hofes) Sebastian Staudlinger und seiner bereits früher verstorbenen Ehefrau Maria aus dem heutigen Weißach, Gde. Schwarzach, Lkr. Straubing-Bogen, Reg.-Bez. Niederbayern, aufgenommen am 4. Januar 1706, gestellt, um zu zeigen, in welcher Weise wir uns die Ausstattung eines bäuerlichen Haushaltes und eines landwirtschaftlichen Betriebes vor etwa 250 Jahren vorzustellen haben. Auf eine Erklärung der wahrscheinlich nur im ersten Augenblick unverständlichen Ausdrücke wird dabei bewußt verzichtet.

Jnventarium

So nach ableiben weyl. Sebastian Staudlinger gewesten halbpaurns in der obern Weisach, und Maria dessen Eheweib Beede seel. nachgeblibenes Vermögen durch die Kayl. Pflegghrts obrigkeit zu Schwarzach in Beysein Niclasen Weber und Sebastian Loichinger in der obern Weisach auf angeben des Ghrts Ambtmans Georgen Niedlingers ordentlich Beschriben und Jnventiert worden ist, den 4. Jenner ao. 1706.

Jn der Stuben

1 Crucifix
1 Tisch sambt ainer Schubladen darin
8 hilzene Löfel
2 Vorpanckh
1 Stuehl
1 Schissl Korb darin
5 Erdene Schissl und
5 hilzene däller
1 Kupfere und
1 Eisene pfan
1 Clain Eisenes pfändl
1 Nudlscheifel
1 Seigpfan
1 Ribeisen
3 Kochlöfeln
6 Erdene höfer
1 Plechene Rehrn
1 solchen Schub
1 Eisener höllhafen
1 Kupfern solchen höllhafen
1 Sponsag
3 Schrotthackhen
2 Grosse und
1 Clainer Neiger
1 Stembeisen
1 Spänn hobel
1 hilzenes pfan holz
2 Wasser Emmern
1 Sechtl- und
1 Khüe Züber
1 Spanpöthstatt
1 henensteigen warin
7 henner
1 haan
1 Salz Kibel

Jn der Stuben Cammer

1 Himmelpöttstatt sambt Lig- und Tuchpött
1 Khinder Wiegen
1 Zinenes Kändl
1 Staub Sib
1 Verspörte Truch darin
1 Schwarz Seiderner hueth
1 Grau Wollener Mans Rockh
1 Roth Neuen Prustfleckh
1 Schwarz Lidere hosen sambt
1 solcher Hosen trager
1 Gearbeithe Khüe hauth
1 Grosser Neiger
1 Mehl Kibel

Jm Flez

1 Verspörthen Casten darinen
4 Werchene Mans hemeter
19 Stren Werches Garn
7 Werchene Kloibl
2 Weidling Schmalz und
16 Khöpf
2 Sänsen
4 Khorn Sicheln
1 Eisene Schaufel
2 Rieth und
1 Gräben hackhen
1 Thunget Kräll
1 Stainerner Preinstampf

1 Garn haspel

Jn der Flez Cammer

1 Sponpettstatt sambt Lig- und Tuchpett
1 Rihr Kibel sambt
1 Schragen
3 Prechen
3 Spinröther
1 Pachtrog darzue
1 Schragen

Aufm Poden

1 Pamsag
1 Verspürte truchen darin
20 Schett flax Bey 40 ℔
24 Elln Werchene Leinwath
10 Elln härbene Leinwath
1 Verspörte truch darin
4 Paar härbene Leilach und
1 Ziechen
1 Ligpettl sambt
1 Polster
1 Schaf ausgetroschener Habern
1 plocher
5 Zwilchene Säckh
4 heuriger haar
2 Stibich hirinen
5 Vl. Holzkhlezen Weiters
2 Stiwich darin
4 Vierl. geschlachte Klezen
2 Vrl. Holzäpfel Spältl
1 Krautt pödingel
2 Schaufeln
11 Werchene Kloibel Garn
1 Sä Sätter
1 Waag

Jm oxen Stahl

1 Paar Menn oxen
1 parr Stiehr
1 Parr oxen Gehe
1 Mistgabl
1 Sponpettstatt sambt Lig- und Tuchpött
1 Fuetter Truhen
1 Schrott hackhen

Jm Khiestahl

4 Milch Khüe
3 Zwi Jährige Stiehr und
1 Jehrigen Stiehr
1 Jähriges Kalb
1 dry Jährige Tragente Khalben
1 dedo Dunget Gabel

JM Stadl

3 Schaf Unausgetroschnes Khorn
3½ Schaf habern im Gstro
4 Vl. Gersten auch Unausgetroschen
6 Vl. Unausgetroschnen Waiz
4 Trischln
2 Heu Gabeln
1 Garb Gabl
2 Reithern
2 Rechen
1 Schwabenstuehl
1 Schaufel
1 Vierl. Maas
1 Heu Räfel

Jn der Schupfen

2 Unbeschlagne Wägen
2 parr Laithern
1 Pflueg
2 Äden mit Eisen Zenten
1 Handtstuehl
1 Schlitten
1 Gsott Kherrins
3 Schett Beprechter Flax
1 Schlifstain
1 Misttragen

Die Beschribne Vahrnus ist estimiert worden pr. 215 *fl.*

Paar Gelt Nihil

Schulden herein Nihil

Schulden hinaus

Wolfen Venus am Grandlsperg wegen aines aberkhauften oxen 10 *fl.*

Magdalena Staudlingerin oberdiern Bey Jhro Gnaden Herrn Pfleger zu Schwarzach gelichenes gelt 25 *fl.*

Mathes Spranger Schmidt am Degernberg Arbeiterlohn 1 *fl.*

Und 1 Vrl. Khorn
Georg Vischer zu Pernstorf gelichenes gelt 5 *fl.*
Hannsen Altschöfel Dienst Khnecht an Lidtlohn so sich auf negst khommente Liechtmeß Verfallet yber eingenommene 2 fl. 15 kr. 4 *fl.* 45 *kr.*

Dan 3 Elln Zwilch und 2 hem-meter
Catharina Sprangerin oberdirn an den Bishin heyl. Liechtmeß Verfallne Lidtlohn noch 1 *fl.* 15 *kr.*

Nebst 14 Elln Leinwath und 1 parr Schuech oder 48 *kr.*

Maria Hasin Underdirn an Lidtlohn noch 2 *fl.*

7 Elln Werchen- und Rupfene Leinwath 1 par Schuech

Summa der Schulden hinaus 61 *fl.*

Deputat

Jhro Gnaden H. Pfleger

Deputat	1 *fl.* 8 *kr.* 4 *H.*
Rittgelt	4 *fl.*
H. Ghrtschreiber in allem	2 *fl.* 34 *kr.* 2 *H.*
Dem Ambtman	1 *fl.* 17 *kr.* 1 *H.*
Beeden Zehrung	17 *kr.* 1 *H.*
	9 *fl.* 17 *kr.* 1 *H.*

Briefliche Urkhunden

Sein in dem entstantnen Krigs laufft zu Grundt- und Verlohren gangen.

Erben

Die hinderblibene 4 Khinder Nammens
Sebastian im 10.
Eva im 8.
Mathias im 6.
Und Hanns im 2.
} *Jahr*

»Vom Zeuge, was zum Feldbau gehörig ist.«

Bodenbearbeitung

Bodenbearbeitung

Die erste Sachgruppe umfaßt die Bodenbearbeitung. Aus dieser Gruppe werden die Pflüge, Eggen und Ackerwalzen, die Hauen und Grabgeräte sowie die Sä- und Saatgutbehältnisse behandelt. Diese Aufzählung ist jedoch keineswegs umfassend. Zur Bodenbearbeitung zählen außer der Feldbestellung, dem Pflanzen und dem Säen beispielsweise auch die Düngung und die Rodung. Ein Teil der für diese Tätigkeiten erforderlichen Geräte wird bei der Tierhaltung sowie bei der Holzgewinnung und Holzverarbeitung gezeigt. Damit wird auch gleich zu Beginn die Problematik deutlich, die eine noch so gründlich erarbeitete Sachgruppeneinteilung mit sich bringt. Überschneidungen und Zuordnungsschwierigkeiten werden also nicht zu vermeiden sein.

Pflüge

Zusammen mit der Egge und der Ackerwalze gehört der Pflug zu den sog. schweren Akkergeräten, die, wie es Johann Wiegand in seinem »Handbuch für die österreichische Landjugend zum Unterricht einer wohlgeordneten Felderwirthschaft«, erschienen im Jahr 1771 in Wien, ausdrückt,

die vornehmsten und wesentlichsten Instrumente zum Ackerbaue sind [. . .]. Spaten und Hacken sind zwar ebenfalls Werkzeuge, die Erde zu bearbeiten; sie werden aber meistens nur in den Gärten, Weinbergen, und überhaupt da gebraucht, wo der Pflug nicht angebracht werden mag. Fast ein jedes Land hat eine andere Art von Pflügen, theils wegen der althergekommenen Gewohnheit, theils aber wegen der Lage, und Eigenschaft des Bodens selbst, nachdem nämlich derselbe schwer und naß, trocken und leicht, steinig oder kießig ist, und eines tiefen oder seichten Ackerns bedarf. Jedoch stimmen solche in ihren Hauptheilen gemeiniglich überein.

Anders als die Egge ist der Pflug in der Regel kein Universalgerät, wenn er auch sehr vielfältig eingesetzt werden kann (z. B. zum Wassergrabenziehen, zum Anböschen, zum Kartoffelroden). Seine wichtigste und eigentliche Aufgabe ist jedoch die des Pflügens, also des Umackerns des zur Bebauung oder als Weide vorgesehenen Feldes. Dabei nimmt er fast immer mehrere voneinander völlig verschiedene Tätigkeiten gleichzeitig, das heißt in ein und demselben Arbeitsgang, wahr. Er wendet das Erdreich, mischt es

Pflügen des Feldes

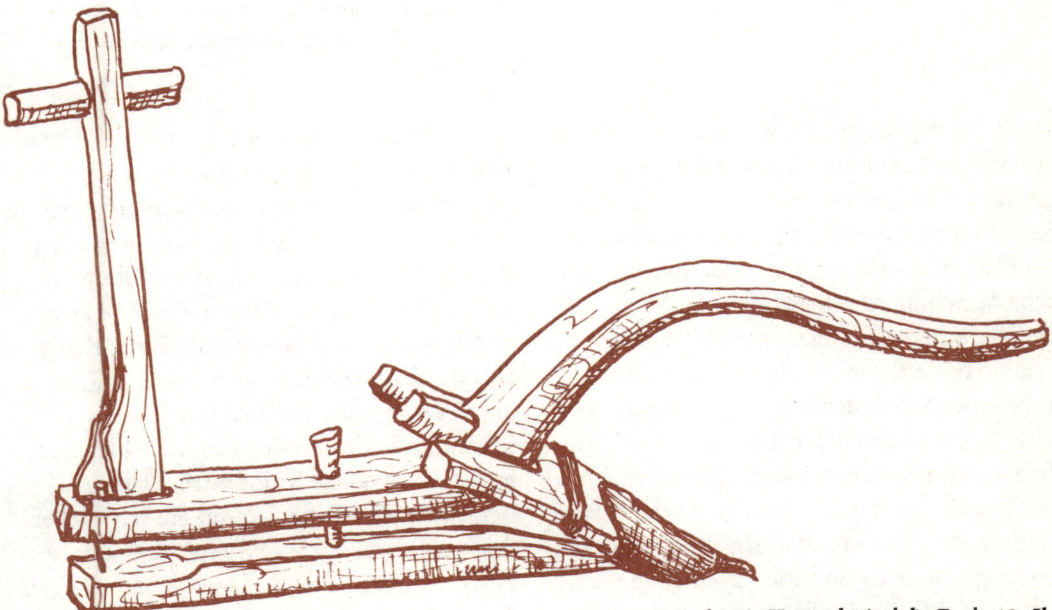

1 Arl *(mit Krümelgrindel), Ende 18. Jh., Waldmuseum Zwiesel/NB*

2 **Sachs** *(Vor- und Sonderform des Häufelpfluges), 1. Hälfte 19. Jh., Heimatmuseum Furth i. Wald/OPf.*

durch Unterpflügen von Bewuchs und Dung mit diesem zusammen, lockert den Untergrund und krümelt schwere Böden. Es ist deshalb nicht unberechtigt, im fortentwickelten Pflug eine frühe einfache landwirtschaftliche Maschine zu sehen.
Die Wirkungsweise des Pfluges beruht im Prinzip darauf, daß durch sinnvolle Anordnung eines Schneidewerkzeuges (Schar) oder eines Systems von Schneidewerkzeugen (Schar, Sech, Scharnasensech, Messersech) ein Erdstreifen mit rechteckigem oder quadratischem Querschnitt waag- und senkrecht herausgeschnitten und mittels einer an die Schar anschließenden Vorrichtung (Streichbrett[er], Streichblech[e], Streichleiste[n]) ganz oder teilweise umgelegt wird. Der *Haken* und die *Arl* (die irrtümlich oft als die gegenüber dem *Pflug* primitiveren Baugeräte angesehen werden, jedoch, wie der vorzügliche Mecklenburger Haken und die steirische Arl zeigen, nicht sein müssen) dagegen durchwühlen und lockern die Erde. Beide Geräte hinterlassen zwar bei jedem Gang eine Furche, aber mit mäßiger Tiefe, weil hinter ihnen der größte Teil der Erde wieder in die entstandene Rinne zurückfällt. Auf beiden Seiten bleibt also nur ein schwacher Aufwurf, *»der nicht hinderte, daß man beim Fortgang der Arbeit dicht neben der vorigen Furche hinpflügte«* (Rau).
Die Jahrtausende dauernde Entwicklung des

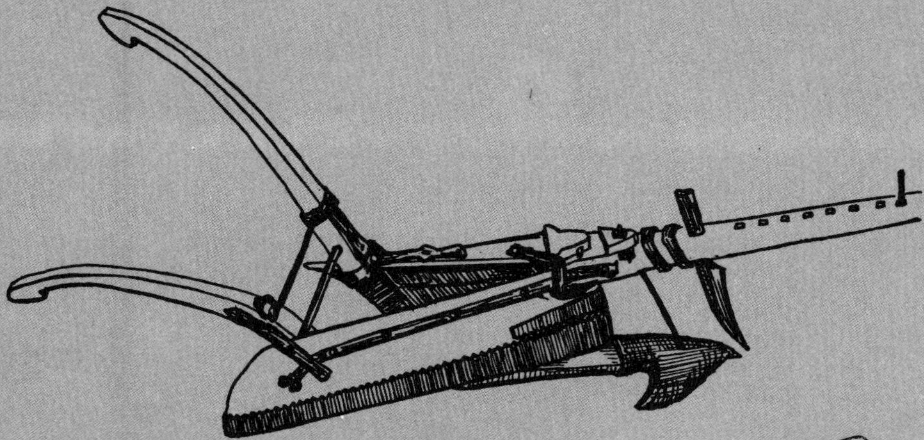

3 **Beetpflug** *(altdeutscher Landpflug), Niederbayern, 19. Jh., Sammlung Stelzenberger, Pfarrkirchen/NB*

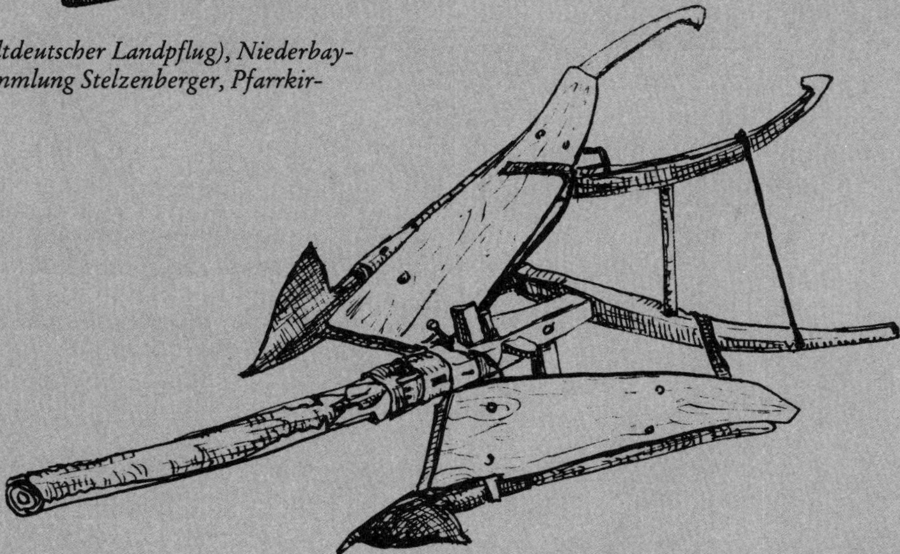

4 **Leitenpflug** *(Wendepflug), oberes Rottal/NB (?), Mitte 19. Jh., Bayer. Nationalmuseum, München*

5 **Häufelpflug** *(zum Bearbeiten der Kartoffelbifange), Heimatmuseum Pfarrkirchen/NB*

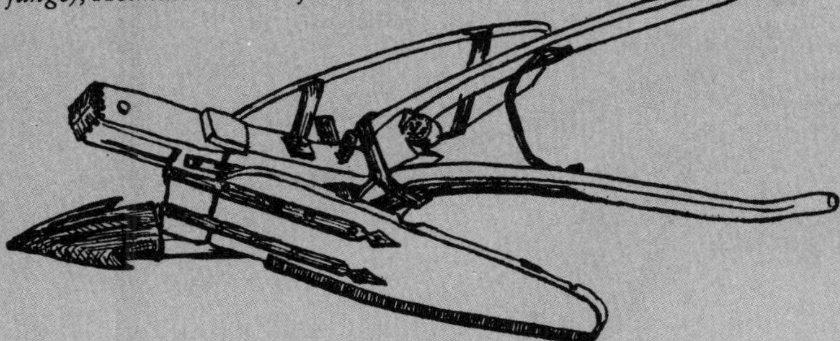

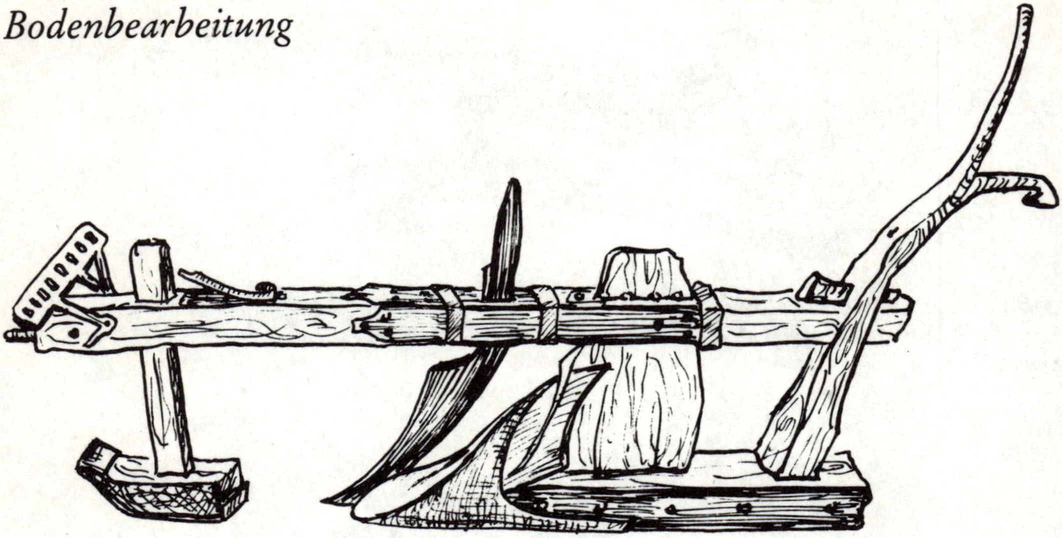

6 Brabanter Pflug *(mit Schleifstelze), 1819/30, Heimatmuseum Marktl/OB*

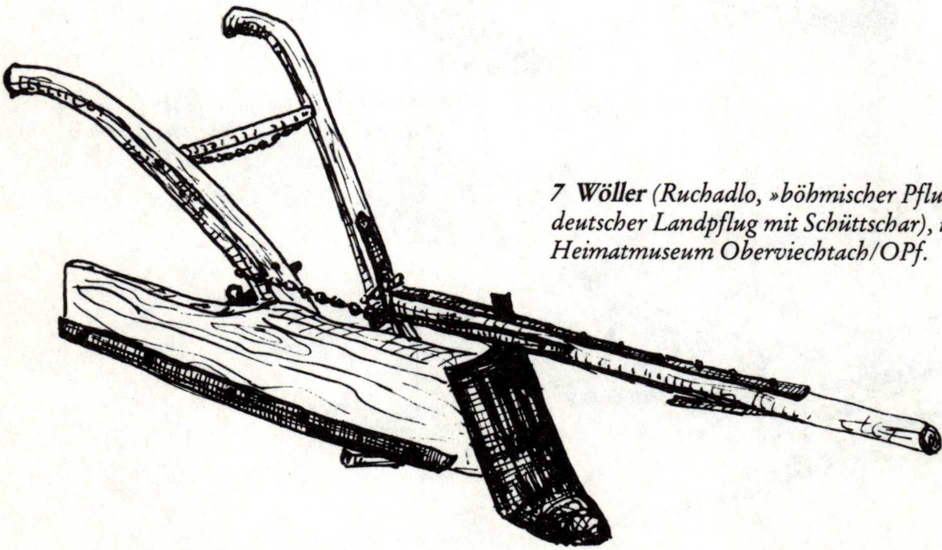

7 Wöller *(Ruchadlo, »böhmischer Pflug«; altdeutscher Landpflug mit Schüttschar), um 1850, Heimatmuseum Oberviechtach/OPf.*

Pfluges ist gekennzeichnet durch das rastlose Bemühen des Menschen, die Wirkungsweise des Pfluges fortwährend zu verbessern und damit den Wirkungsgrad seiner Arbeit ständig zu erhöhen. Dies ist mit der Grund, warum wir überhaupt von einer Entwicklung und damit auch von einer Geschichte des Pfluges sprechen können.

Bei der Erforschung des Pfluges sollte es ein besonderes Anliegen sein, nicht nur den altartigen und herkömmlichen Formen und Typen nachzugehen, die ohnehin zu den Sammelobjekten jedes größeren Heimatmuseums gehören, sondern auch den teils oder ganz industriellen Erzeugnissen gebührende Aufmerksamkeit zu schenken. Seit der Mitte des 19. Jh. begann man nach und nach, Maschinen- und Gerätefabriken für die Landwirtschaft einzurichten. Die Anregungen hierzu kamen in erster Linie aus Südwestdeutschland, wo in Hohenheim, heute einem Stadtteil Stuttgarts, 1818 die »Königliche Württembergische Lehranstalt für Land- und Forstwirthschaft« gegründet wurde, die, von 1819 bis 1828 von ihrem ersten Direktor Johann Nepomuk von Schwerz geleitet, bereits 1819 mit einer Werkstätte, aus der dann die von 1824 bis 1904 bestehende Hohenheimer Ackergerätefabrik hervorging, ausgestattet wurde und die 1828 eine landwirtschaftliche Modellsammlung, heute wohl eine der größten ihrer Art, erhielt. Hohenheim erlangte im übrigen schon damals Berühmtheit, da sich Schwerz vor allem um die

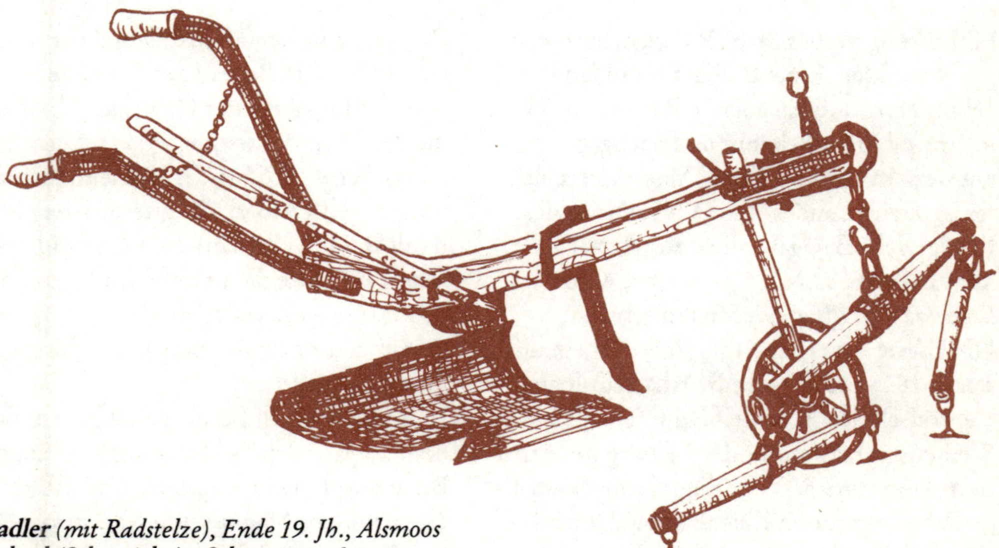

***8 Oaradler** (mit Radstelze), Ende 19. Jh., Alsmoos bei Aichach/Schw. (»beim Schustermartl«)*

9 Unterdrehpflug *(mit eisernem Pflugkörper), Sammlung Stelzenberger, Pfarrkirchen/NB*

Einführung verbesserter Pflüge bemühte, deren Vorbilder er aus Brabant und Flandern geholt hatte und die auch in Bayern um 1850 mehr und mehr bekannt und nachgebaut wurden. In der von König Max II. veranlaßten großen »Landes- und Volkskunde des Königreichs Bayern«, die unter dem Titel »Bavaria« 1860 bis 1867 erschien, wird der *Schwerzsche Pflug* des öfteren erwähnt.
Die älteste bayerische Pflugfabrik entstand schon 1845 bei der »landwirthschaftlichen Centralschule« in Schleißheim (ab 1852 in Weihenstephan) unter der Leitung des damaligen Direktors R. Veit. Eine weitere derartige Fabrik wurde in Kaisheim bei Donauwörth eingerichtet.
Zu den damals modernsten und verbreitetsten Pflügen in Bayern gehörten die Produkte der Pflugfabrik der Gebrüder Eberhardt, die sog. *Eberhardtschen Pflüge.* Diese Pflugfabrik hatten die Brüder Wilhelm (Schmiedemeister) und Albert (Wagnermeister) Eberhardt in Ulm (Donau) 1854 gegründet. Bereits 1859 hatte die Pflugfabrik Eberhardt den ersten ganz eisernen Pflug der Welt hergestellt, eine damals einmalige industrielle Glanzleistung.
Im süddeutschen Bereich erlangten außerdem die von dem Schlossermeister Engelbert Buxbaum 1859 in Augsburg und die von den Mechanikern Magnus und Karl Epple 1862 in Sonthofen (später Verlegung nach Augsburg

und 1883 Vereinigung mit dem dortigen Buxbaumschen Unternehmen zu den »Vereinigten Fabriken landwirthschaftlicher Maschinen, vorm. Epple & Buxbaum«) gegründeten Pflugfabriken größere Bedeutung. Ebenfalls 1862 entstand die Pflugfabrik Esterer in Altötting. Als weitere große Pflugfabrik, die mit ihren Erzeugnissen den bayerischen Markt erobert hat, ist die 1891 von Johann Georg Dobler in Landsberg a. Lech gegründete, später mit der (Pasinger) »Münchener Eggenfabrik« vereinigte »Oberbayer. Pflugfabrik Joh. Gg. Dobler« zu nennen. Auch die Münchener Eggenfabrik hat Pflüge produziert. Aus einer Statistik wissen wir, daß Schleißheim im Jahre 1856 209, 1861 87 und Kaisheim im gleichen Jahre 70 Pflüge herstellte. Solche Pflüge wurden aus in Fabriken angefertigten Teilen nach dem Muster der Schleißheimer Fabrikation auch von Dorfschmieden zusammengebaut.

Für Altbayern (Oberbayern, Niederbayern, Oberpfalz) liegt eine umfangreiche Untersuchung von Helmut Sperber über die Entwicklung, Verbreitung und Typologie der dort verwendeten Pflüge vor. Es werden darin *altartige Pfluggeräte* (Chiemgauer Ziehspaten, Böhmerwälder Handhaken, Rottaler Grabenpflug, Hallertauer Saathaken, Nürnberger Pflug), *Arln* (Riederer, ostalpiner Doppelsterzpflug, Krall, Passauer Arl, schwäbische Arl, Rundinger Arl, Sahs [spr. sax]), *Pflüge* (altdeutscher Landpflug, Stangerlpflug, österreichisch-baierischer Leitenpflug) und *Häufelpflüge* sowie *neuere Pflugformen* (Brabanter, flandrischer und Hohenheimer (Schwerzscher), Veitscher (Schleißheimer) Pflug, Ruchadlo (Wöller), sonstige moderne Pflüge aus den Pflugfabriken wie Winkeldrehruchadlo, Unterdrehpflug und Sonderpflüge) eingehend behandelt. Insbesondere wird auch der Frage des Einflusses aus dem Westen (Brabant, Flandern, Hohenheim), aus dem Norden (Franken) und aus dem Osten (Böhmen, Österreich) nachgegangen. Der Untersuchung liegt ein außerordentlich detailliertes Inventar bei, in das sämtliche im Untersuchungsgebiet in öffentlichen und privaten Museen und Sammlungen, Landwirtschaftsschulen und Landwirtschaftlichen Berufsschulen, anderen landwirtschaftlichen Lehranstalten und Instituten sowie in sonstigem Privatbesitz und in situ angetroffenen Pflüge aufgenommen worden sind. Besonders fündig haben sich u. a. die Museen in Massing (*Beetpflüge*), Rötz (*Häufelpflüge*), Oberviechtach (*Wöller*), Marktl a. Inn (einziger *Brabanter Pflug* in Altbayern), Landsberg a. Lech (*flandrische* und *Hohenheimer Pflüge*), Landau a. d. Isar und Furth i. Wald (*Sahse*) sowie Berchtesgaden und Tittmoning (*Leitenpflüge*) erwiesen.

Es wäre zu wünschen, daß jetzt auch für Schwaben und Franken ähnliche Untersuchungen vorgelegt würden. Für diese Gebiete besitzen wir nur eine grobe Übersicht über die verschiedenen Pflugtypen und ihre Verbreitung.

Eggen

Die Egge ist ein Universalgerät. Ihr obliegen vielfältige Aufgaben. In erster Linie dient sie der Behandlung des Ackers wie Einreißen der Bifange, Einebnen des Feldes und Zertrümmerung der Erdschollen. Sie muß den Boden lockern, lüften und (nach dem Pflügen) jäten sowie Dung und Saat in die Ackererde einmengen. Aber auch die Wiese bedarf der Egge insbesondere zur Einebnung von Maulwurfhügeln, Entfernung des Mooses und Auseinanderziehen des Kotes der Weidetiere. In der Regel folgt das Eggen dem Pflügen unmittelbar. Die Egge kann dem Pflug zur Grobsäuberung des Brachlandes aber auch vorangehen.

Je nach der Art des Eggens unterscheidet man zwischen Längseggen, Quer- oder Schrägeggen und Figureneggen. Die ersten beiden Begriffe sind jedoch nicht identisch und deshalb nicht zu verwechseln mit den typologischen Eggenformen gleichen Namens.

Wirkungsweise der Egge und Wirksamkeit der Eggenarbeit sind weniger von der Zahl der Zinken und deren Anordnung im Eggenrahmen oder gar von der Gestalt des Eggenrahmens als vielmehr von einer Reihe anderer Eigenschaften abhängig. Besonders zu nennen sind hier das Gewicht der Egge, die Zinkenstellung, die Höhe der Zuggeschwindigkeit, die Intensität der Störung der horizontalen Gleichgewichtslage (sog. Seitwärtsstoßen) der Egge sowie die Wahl des Anspannpunktes. Alle fünf Größen sind je nach Bedürfnis an Ort und Stelle veränderbar: Das Gewicht kann durch Auflegen von großen Steinen oder, wie ein Bauer aus der Lenggrieser Gegend berichtete, eines Wagenrades oder mehreren Wagenräder vergrößert, die Zinkenstellung durch Anspannung auf der anderen Seite der Egge ins Gegenteil verkehrt, die Geschwindigkeit durch Antreiben oder Auswechseln der Zugtiere erhöht, die Gleichgewichtslage durch Rütteln an eigens dafür vorgesehenen Handhaben (bei der sog. *Rüttelegge*) verstärkt sowie der Anspannpunkt durch Verschieben des Klobens, des hufeisenförmigen Anspannringes, geändert werden.

Die Egge besteht, wie der Pflug, aus den arbeitenden oder wirkenden Teilen, den Zinken oder Zähnen, und dem Gestell, dem Eggenrahmen, in dem die Zinken befestigt sind.

Soweit in älterer Literatur oder in Inventaren von eisernen Eggen die Rede ist, bezieht sich diese Materialangabe auf die Zinken, keinesfalls auf den Eggenrahmen. Rein eiserne Eggen sind erst Mitte des 19. Jh. aufgekommen und haben sich, im Gegensatz zu den Pflügen, erst im 20. Jh. voll durchgesetzt. So kommt es, daß Holzeggen, das heißt also Eggen mit Holzrahmen, noch bis nach dem Zweiten Weltkrieg, hauptsächlich von örtlichen Wagnern, gebaut und von benachbarten Schmieden mit Zinken versehen worden sind. Auf dem Hof des Bauern Paul Denn-

Eggen des Feldes

hauser (»beim Zehentmeier«) in Alxing, Gde. Bruck, Lkr. Ebersberg befindet sich heute noch eine nagelneue Egge, die vom Schmied aber nicht mehr beschlagen worden ist. Der Eggenrahmen besteht aus Längs- und Querbalken, meist rechtwinklig zueinander angeordnet. Schon Richard Braungart hatte richtig erkannt, daß Form und Gestalt sowie die Befestigung der Zinken entweder an den Längs- oder an den Querbalken, *»offenbar namentlich bei älteren Eggen, einen ethnographischen Hintergrund haben« (Längseggen* und *Quereggen).* Das gleiche gilt von der Art der Anspannung der Eggen.
Die Zinken können aus Holz oder Eisen gefertigt sein. Wenn das verwendete Material auch eine Frage des Preises war (Eisen war bis zum 19. Jh. sehr teuer), so hatten Eggen mit Eisen- und solche mit Holzzähnen auch voneinander verschiedene Funktionen. Zur Schollenzertrümmerung, Saateinmengung, Unkrautbeseitigung und Bodenauflockerung haben sich Eggen mit eisernen Zinken besser bewährt als mit hölzernen Zähnen. Scholleneggen, Saateggen, Unkrauteggen und Feineggen besitzen deshalb überwiegend Eisenzinken im Gegensatz zu den in der Gartenwirtschaft verwendeten Eggen, deren Zinken aus Holz gefertigt und in der Regel locker in den Rahmen eingelassen sind, daß sie sich seitwärts bewegen lassen. Diese Eggen dienen vornehmlich der Belüftung bereits bebauten Bodens, die beweglichen Holzzinken sollen die Wurzeln möglichst vor Beschädigungen bewahren. Daneben gibt es aber auch Eggen mit starren Holzzinken. Dem Landmann früherer Zeiten war also die parallele Verwendung von Eggen mit Eisen- und Holzzähnen selbstverständlich. Die nachfolgende Anleitung der bereits erwähnten Hausväterliteratur aus dem Jahr 1771 macht dies deutlich:

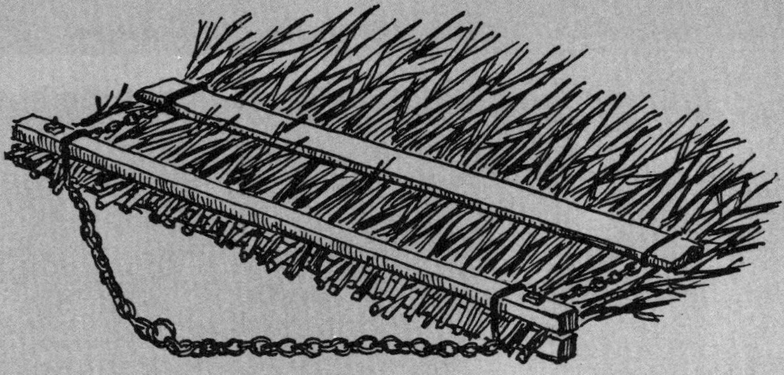

10 Dornenegge *(zum Misteinreiben im Frühjahr), Rottal/NB*

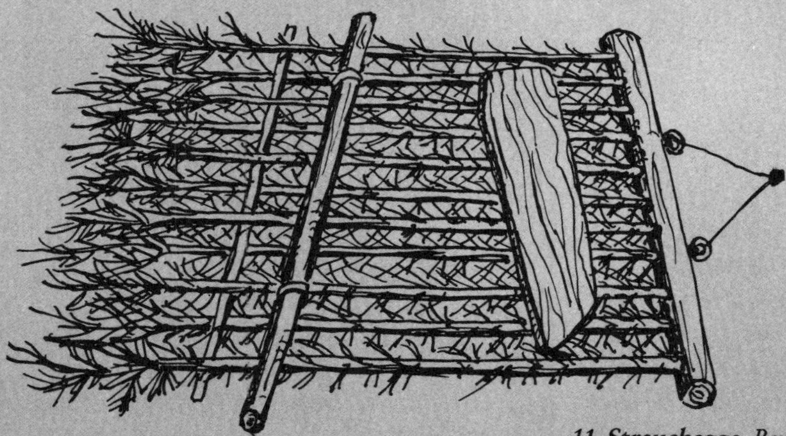

11 Strauchegge, *Bergen i. Chiemgau/OB (nach Emil Werth)*

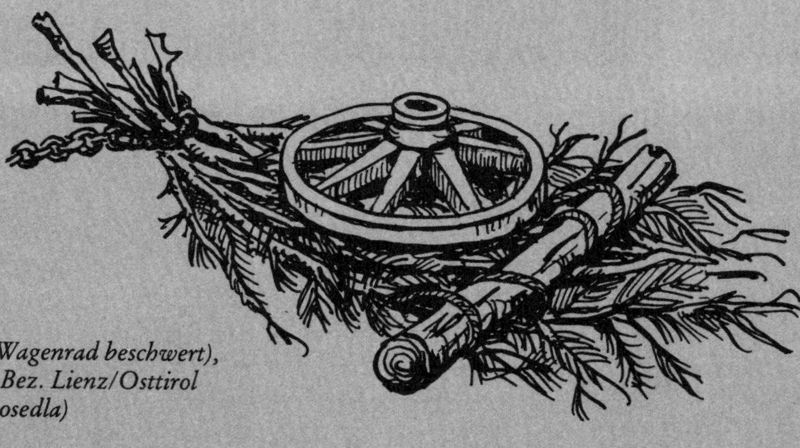

12 Strauchbündel *(mit Wagenrad beschwert), Obermauern bei Virgen, Bez. Lienz/Osttirol (nach Heinz-Christian Dosedla)*

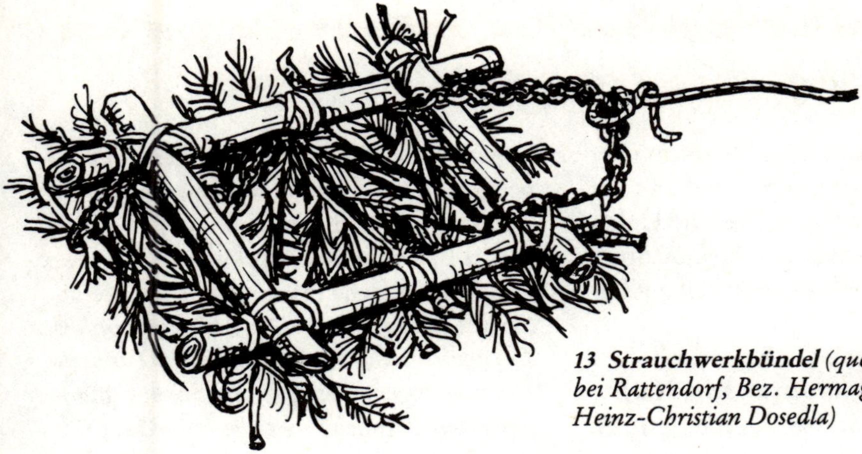

13 Strauchwerkbündel *(quergezogen), Weiweg bei Rattendorf, Bez. Hermagor/Kärnten (nach Heinz-Christian Dosedla)*

Beschreibung der eisernen Ege
Die Ege ist ein so nützliches als bekanntes Instrument bey dem Feldbaue. Ein Landmann sollte billig zwo Egen führen, die eine mit eisernen Zinken, um die Brachfelder vom Unkraut, und die Wiesen vom Mooß zu reinigen; die andere vom puren Holz, den ausgestreuten Saamen unter die Erde zu scharren. Die erste mit den eisernen Zinken, soll sowohl in der Länge als Breite, von den gemeinen Egen unterschieden, das ist, grösser seyn; und, anstatt daß die gemeine Ege nur vier Balken in der Länge, und eben so viele in der Breite hat, soll diese fünf, und also überhaupt zehen Balken haben. Die vordere Reihe Zinken sollen nicht länger als 3, die zweyte 4. und so fort bis auf die Zinken der letzten Reihe 6. bis 7. Zoll lang seyn. Bey dem Einsetzen in die Zwerchbalken, müssen sie also geordnet werden, daß immer ein Zahn des nachfolgenden Balkens, zwischen zweyen der vorhergehenden zu stehen kommet.

Dienst dieser Ege
Der Dienst dieser Ege ist, im Sommer bey überhäufter Arbeit, anstatt des Ackerns, oder sogenannten Rührens, die Brachfelder aufzukratzen, zu öffnen, und das Unkraut zu vertilgen: vor der Winter- und Sommersaat die Schrollen zu zermalmen, und die Erde mürb und locker zu machen: auf den Wiesen den Moos los zu kratzen, und der Oberfläche Oeffnungen zu verschaffen, durch welche den Graswurzeln Dung und Feuchte zukommen, und Luft, Thau Nebel desto besser in den Boden wirken können. Diese wird die schwere Ege genennt.

Beschreibung dieser hölzernen Ege
Die zweyte Ege ist durchaus von Holz. Die Balken, deren wie gesagt nur vier nach der Länge, und vier über quer seyn dürfen, können eben so stark seyn wie bey der ersten. Doch müssen die Zähne oder Zinken nur hölzerne Zapfen, und nicht über zwey Zoll lang seyn, das mit bey der Unteregung des ausgesäten Saamens, vielmehr die Balken als die Zinken die Körner unterstreichen.

Bodenbearbeitung

Im Gegensatz zu den Pflügen herrscht über die verschiedenen Eggentypen und ihre Verbreitung in Bayern noch weitgehend Unklarheit. Nur Oberbayern ist von Helmut Sperber im Rahmen einer kleinen Arbeit gut behandelt.

Die *Strauchegge* scheint in Bayern schon lange unbekannt geworden zu sein. Nach mündlichen Informationen wurde sie zu Anfang des Jahrhunderts noch im Chiemgau und in der Memminger Gegend benutzt. Möglicherweise war sie vor hundert Jahren auch noch in Oberfranken bekannt. Spärliche Straucheggenbelege haben wir auch aus dem Rottal. Archivalische Belege scheiden wohl aus, da derartige Geräte im allgemeinen kein Wertobjekt waren. Sie verdienen jedoch besondere Beachtung, da sie sozusagen zu den Urgeräten der Menschheit gehören. Im Alpengebiet, von Graubünden bis Kärnten, sind sie noch häufig in Benützung. Sie wurden in Bayern in der Regel von Ochsen gezogen. Eine lettische Primitivegge beschreibt Martha Bielenstein: *»Diese höchst primitive Egge wird aus jungen gespaltenen Tannenbäumchen gemacht. Die dicht nebeneinander gesetzten Bäumchen werden von Querhölzern zusammengehalten. Holzpflöcke dienen als Nägel. Die Äste sind alle in gleicher Höhe gekappt und bilden die Eggenzapfen.«*

Helmut Prasch nennt die Dornbündel zum Abstreifen der Wiesen *»Reibn«*. Belege für diese einfachen Eggenformen sind in Bayern nur im Bauernmuseum in Illerbeuren bekannt.

Eine Fortentwicklung dieser primitiven Eg-

Rahmeneggen

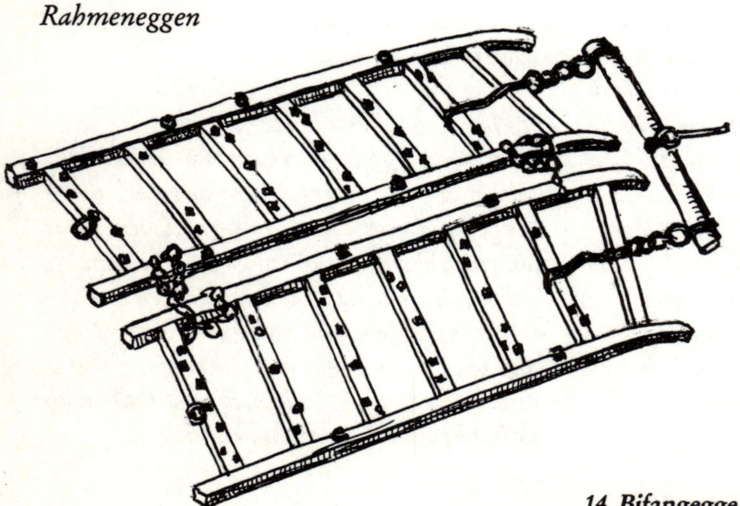

14 Bifangegge, *Uttlau im Rottal/NB*

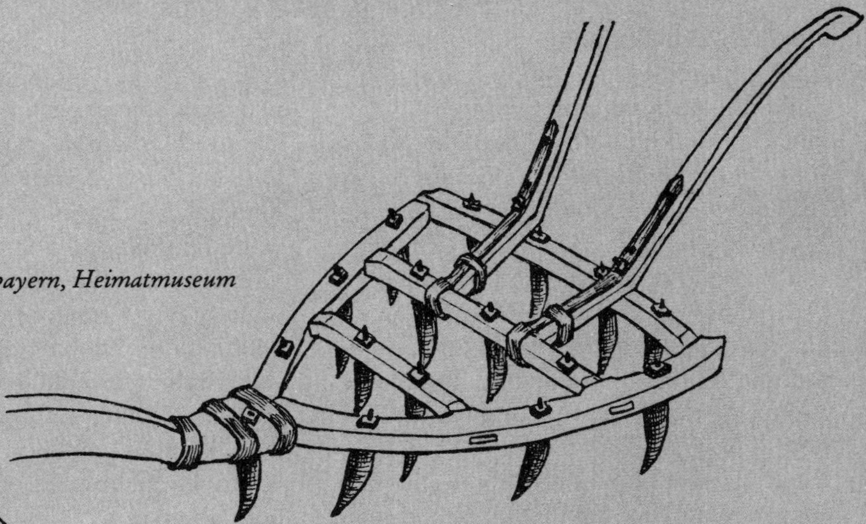

15 **Reißegge,** *Niederbayern, Heimatmuseum Pfarrkirchen/NB*

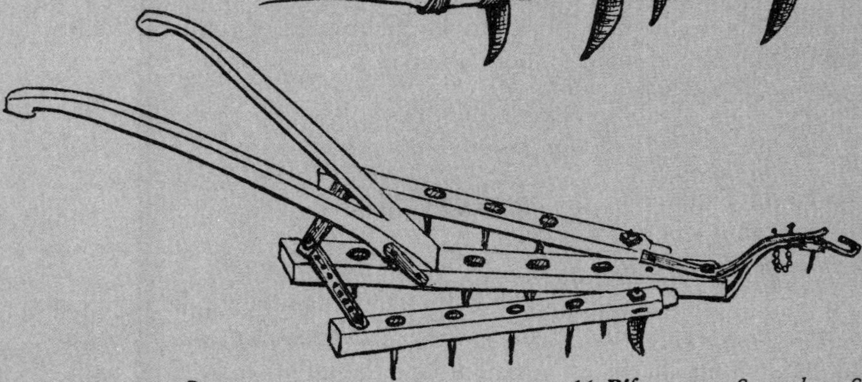

16 **Bifangegge,** *Sammlung Stelzenberger, Pfarrkirchen/NB*

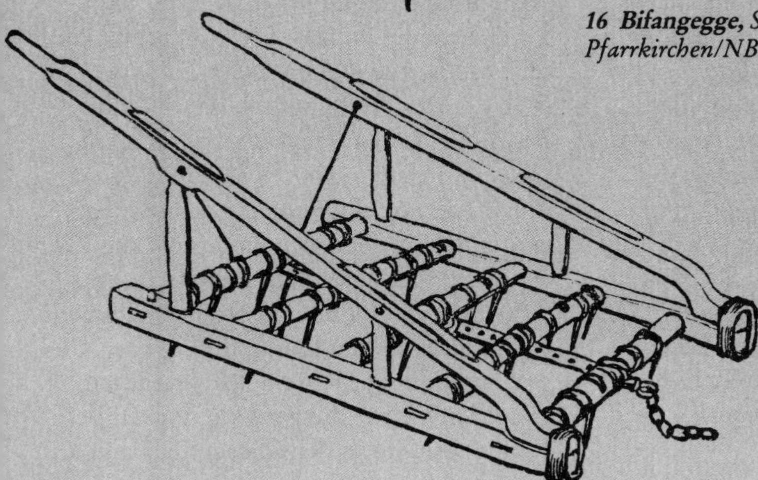

17 **Rißegge,** *um Schierling/NB*

gen stellen die *Rahmeneggen* dar.
Heinrich Hedeler zählt aus der Oberpfalz die *Ribbelegge*, die *Flügelegge (Doppelegge)*, die *»Rißeign«* und die *»Betaeign«* auf. Man vergleiche hierzu die lavierte Federzeichnung von Simon Warnberger (um 1800) mit der Darstellung von Bauern aus der Gegend von Fürstenfeldbruck bei der Feldarbeit, abgebildet bei Paul Ernst Rattelmüller, Per Post und zu Fuß durch Oberbayern, München o. J. [1968], Abb. 19/20.
Die Rißeign entspricht der *Schongauer Lotteregge* (sonst auch *Streifegge*), die mit einem kufenartigen Griff versehen ist, mit dem sie, während sie über den Acker gezogen wird, gerüttelt werden kann. Diese Eggen waren bereits im 16. Jh. bekannt. Im Landkreis Wolfratshausen z. B. kommen solche Rütteleggen mit einer rahmenartigen Griffvorrichtung vor.
Zweigliedrige Eggen, sog. *Bifangeggen*, sind uns aus der Oberpfalz erhalten. Sie ähneln stark jenen, die aus Ungarn in den letzten Jahren veröffentlicht wurden. Eine Doppelegge befindet sich auch im Museum Parsberg/OPf. Zahlreiche Doppeleggen hat das Ethnographische Museum in Budapest gesammelt.
Schmeller (I, Sp. 51) notierte für Doppelegge die Bezeichnung *»Hundsattn«*. Die Bezeichnung *»Adn«*, *»Attn«* für Egge hat sich in ganz Altbayern bis ins 20. Jh. erhalten. Zu den oberpfälzischen *»Eign«* vgl. Meier Helmbrecht, Vers 515: *»der eiden oder den phluoc«*.

Die fränkischen Eggen weisen vielfach eine mehr rechteckige als quadratische Grundform auf. Sie erscheinen daher schmäler.
Rein hölzerne Eggen gibt es in Bayern nicht mehr. Die hölzerne Rahmenegge besitzt nur noch eiserne Zähne. Sie wurde beim Dorfschmied und Wagner hergestellt.
Belege für die Rahmeneggen haben wir in vielen Heimatmuseen in Oberbayern (Berchtesgaden, Fürstenfeldbruck, Tittmoning), in der Oberpfalz (Parsberg, Perschen), in Schwaben (Illerbeuren, Krumbach, Weiler bei Lindau) u. a.

Ackerwalzen

Die Ackerwalzen dienen, wie die Eggen, zur Zerkleinerung der Schollen und, im Gegensatz zur Egge, zum Pressen der Erde und Verdichten des Bodens. Dieses Ergebnis wird unabhängig von der jeweiligen Form der Walze selbst, des Zylinders, erzielt. Die *zylindrische Ackerwalze* macht die Erde krümelig und glatt, indem sie die Schollen zerdrückt, die sog. *Rippenackerwalze* dagegen zerquetscht die Schollen und macht den Boden eben, aber nicht glatt. Daneben hat die Ackerwalze eine Reihe weiterer Funktionen, wie Eindrücken der Saat und Pflege der Wiesen, auszuführen. Je nach dem jeweiligen speziellen Verwendungszweck und der Beschaffenheit des Bodens haben sich dann ört-

lich Spezialackerwalzen, wie die bereits genannte Rippenackerwalze oder die *Stachelackerwalze*, entwickelt.
Wiegand bringt 1771 eine Anleitung, wie die Ackerwalze nutzbringend zu verwenden sei:

Nutzen und Gebrauch der Walze
Die Walzen sind meistens nur zum Gebrauche, die Erdschollen zu zerdrucken; oder die leichte Erde sowohl im Herbste als im Frühjahre, genauer an die Wurzeln zu zwingen. In schweren Gründen wäre diese Arbeit mehr schädlich, als nützlich. So würde auch mit unnseren gemeinen Walzen, in Zerbrechung der Schrollen auf einem zähen festen Boden, wenig ausgerichtet seyn, weil sie lange nicht so schwer und kräftig sind, als hierzu erfordert wird. Für dergleichen Felder gehöret eigentlich die sogenannte Stachelwalze, welche in einigen Gegenden in Sachsen üblich ist, und vortreffliche Dienste leisten soll. In dem wienerischen ökonomischen Wochenblatte, oder Bienenstock, im letzten Stücke vom J. 1768. ist diese Stachelwalze umständlich beschrieben, und auf einer Kupfertafel vorgestellet.
In den guten sowohl, als auch in den leichten Gründen ist unsere gemeine Walze immer von gutem Nutzen und Gebrauche. Nach dem Säen, und Unterstreichen des Saamens mit der Ege, drückt die Walze, wenn das Feld damit befahren wird, den Körnern die Erde näher hinzu. Die zarten Keime der Wurzeln, wenn solche die erste Nahrung, die der Saamen in sich hatte, ganz verzehret haben, können sich um so besser mit der Erde befas-

Walzen des Feldes

Gabelackerwalzen

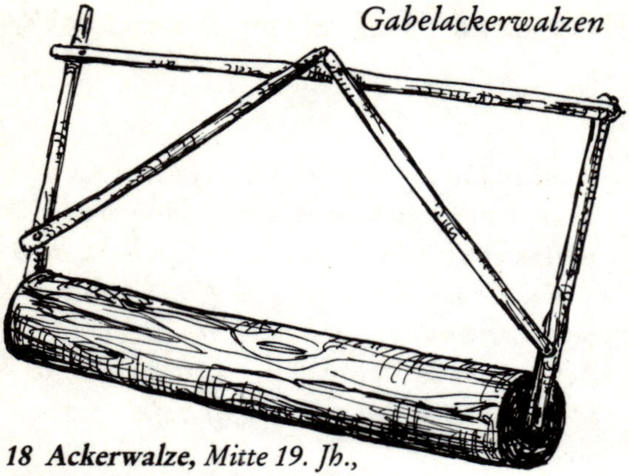

18 Ackerwalze, *Mitte 19. Jh., Bauernmuseum Amerang/OB*

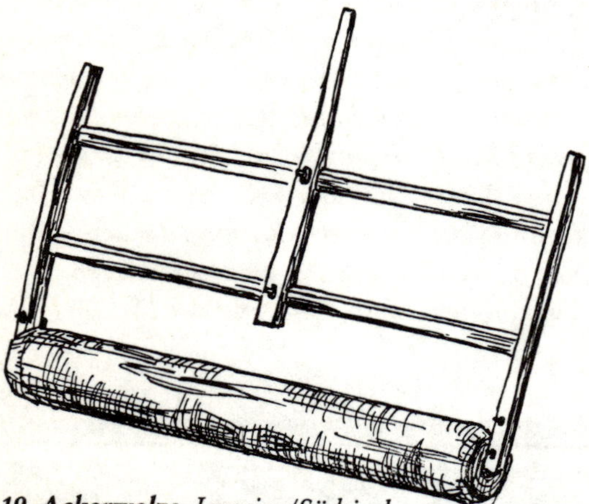

19 Ackerwalze, *Jenesien/Südtirol, 1. Hälfte 20. Jh.*

Rechteckackerwalzen

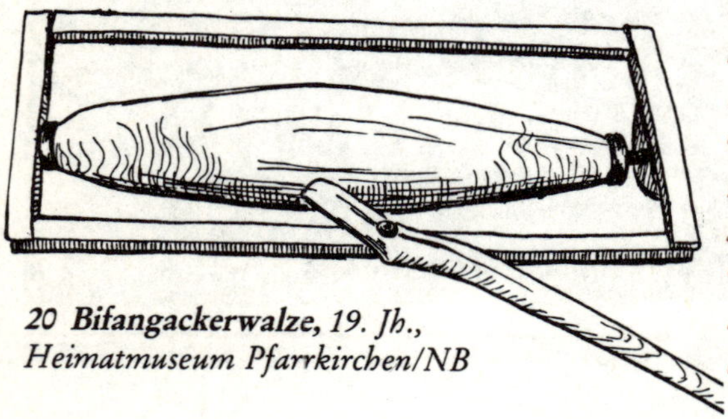

20 Bifangackerwalze, *19. Jh., Heimatmuseum Pfarrkirchen/NB*

sen und aus derselben die Nahrungssäfte in sich ziehen, und fortwachsen.
Im Frühjahre ist das Walzen der Winterfelder sehr nützlich. Der Frost ziehet die Erde in die Höhe und machet solche mehr locker, als nöthig ist; wodurch die empfangene Feuchte schnell ausduftet. Das Walzen treibt also die aufgelockerte Erde wieder zusammen, und näher zu der Wurzel, welche hierdurch einen festen Stand erhält, und von keinen Winden ausgerissen, und weggeführet werden kann.

Den Sommerfrüchten geschiehet nicht allein, nach der Aussaat, mit dem Walzen der nämliche Dienst; sondern auch, wenn solche schon eine stehende Hand hoch gewachsen, und alsdann nochmals mit der Walze überfahren werden: so wird dadurch eine unzählige Menge Käfer, nackete Schnecken, und anderes den Feldfrüchten schädliches Ungeziefer zerdruckt und vertilgt. Auch wird zugleich der Boden zu dem künftigen Abmähen platt und eben gemacht; welches die nachherige Arbeit gar sehr beförderet. Man hat sich bey diesem zweyten Walzen nicht zu besorgen, daß zu viel Getraidekeime zugleich mit zerdrucket werden; denn jemehr deren zerquetscht würden, destomehr würden sich dieselben bestauden, und desto reichlicher würde die Aernte ausfallen. Diejenigen Hauswirthe, welche etwa ihre Gersten- oder Haberäcker, statt der künftigen Brache, für denselben Sommer in künstliche Wiesen verwandlen wollten, könnten, ehe dieses Ueberwalzen der Sommerfrüchte geschieht, entweder von dem kleinen rothen, oder weißen Kleesaamen,

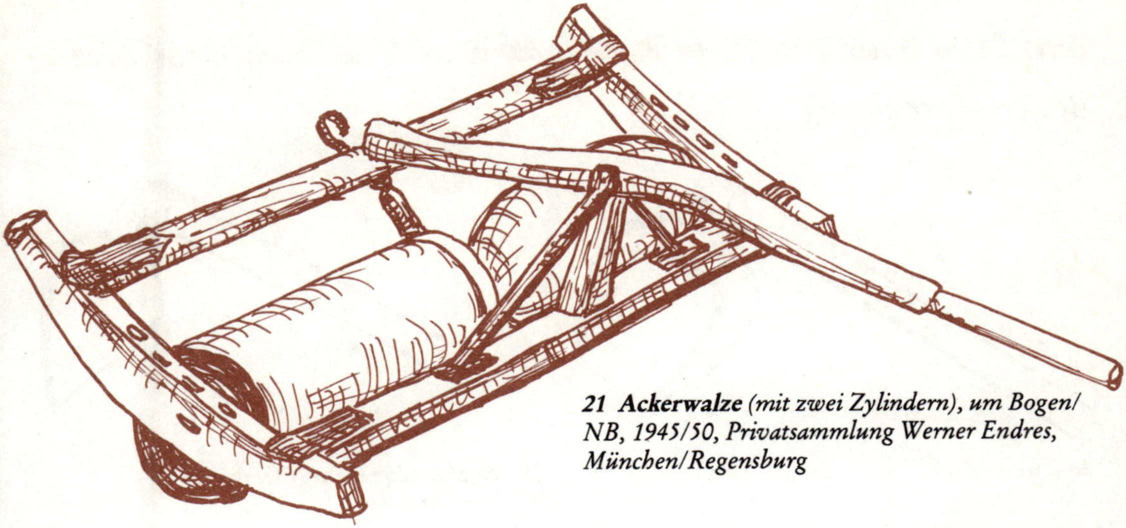

21 Ackerwalze *(mit zwei Zylindern), um Bogen/NB, 1945/50, Privatsammlung Werner Endres, München/Regensburg*

über diese grünen Saaten herstreuen, und alsdann mit der Walze überfahren, damit derselbe in die lockere Erde gedrückt wird. Es ist nöthig, daß der Kleesaamen später, und nicht mit der Gersten oder Haber zugleich, ausgesäet wird; wie an seinem Orte wird gezeigt werden.

Die erste Zubereitung der Felder zu der Wintersaat, geschieht im Frühjahre, nachdem die Sommerfrucht in die Erde gebracht ist. Der Anfang wird mit dem Dungführen gemacht. Es soll aber diese Arbeit nicht im regnerischen Wetter geschehen, weil sonst viele Kraft verlohren gehet.

Die Wirkungsweise der Ackerwalze beruht, wie bei der Egge, hauptsächlich auf dem Gewicht. Dies kann das Eigengewicht der Akkerwalze sein, das bei genügender Schwere der Rolle ausreichend sein kann. Oftmals verlangen die Art der Arbeit und der Zustand des Bodens jedoch eine Erhöhung des Gewichts. Dies wird entweder durch das Sitzen oder Stehen des Bauern auf der Ackerwalze oder durch Beschweren mit Hölzern, Erdklumpen oder Steinen erreicht.

Im Prinzip setzt sich die Ackerwalze, wie Egge und Pflug, aus dem konstruktiven und dem arbeitenden Teil zusammen. Der konstruktive Teil besteht meist aus einem rechteckigen Rahmen, der arbeitende Teil aus der in diesen Rahmen eingefügten zylindrischen Walze oder Rolle. Wegen des einfachen Baus hatten die Bauern die Ackerwalze – auch *Feldwalze* genannt – fast ausschließlich selbst gefertigt.

Der Walzenrahmen hat die Aufgabe, die Achse der Walze aufzunehmen und diese mit der Zugvorrichtung zu verbinden. In der Regel wird das Rechteck des Walzenrahmens neben den Längsbalken von der Walzenachse und dem für die Zugvorrichtung bestimmten Querbalken gebildet *(Gabelackerwalze)*, es kann aber auch aus zwei (und mehr) Querbalken bestehen, zwischen denen die Rolle eingehängt ist *(Rechteckackerwalze)*.

22 Zweizinkige Haue *(»Karst«), Tirol*

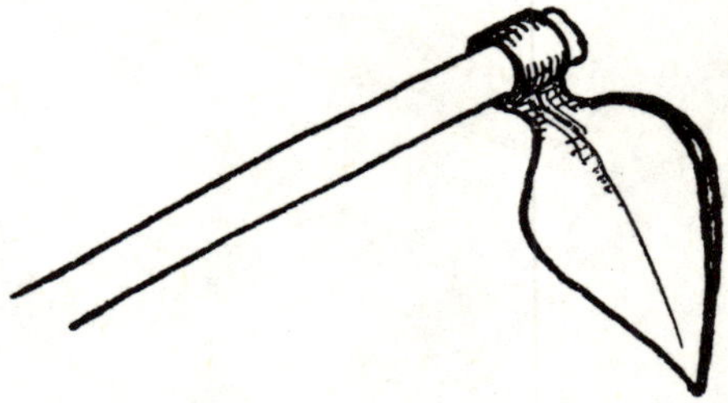

23 Herzförmige Haue, *Oberbayern, Niederbayern, Tirol*

Hauen und Grabgeräte

Die Hauen und Grabgeräte gehören zu den ältesten Bodenbearbeitungsgeräten überhaupt. Sie taten schon ihre Arbeit, noch ehe der Pflug erfunden war. Dies gilt speziell für die in Süddeutschland, besonders im Baierischen *Hacke, Hackl* genannten Geräte, Bezeichnungen, die auch als Synonym für Axt verwendet werden. Hier handelt es sich aber ausschließlich um die Erdbearbeitungsgeräte, die gewöhnlich auch *Hauen, Stockhauen* oder *Riedhauen (Reuthauen, Riethauen)* genannt werden. Frühe Bildbelege zeigen, daß sich ihre Formen bis in die heutige Zeit kaum verändert haben. Deshalb ist es auch sehr wichtig, die Formen der in den Werkzeuggeschäften angebotenen Geräte aufmerksam zu registrieren.

Im Gegensatz zur *randbeschlagenen Holzschaufel* war und ist der *randbeschlagene Holzspaten* seit langer Zeit bevorzugter Gegenstand der internationalen Forschung in Europa. Entsprechend umfangreich ist auch die Literatur über dieses Gerät, mit dem sich besonders Leopold Schmidt außerordentlich gründlich und umfassend beschäftigt hat. Mit Hilfe der Bildquellen läßt sich der randbeschlagene Holzspaten als typisches Gärtnergerät bis zur Wende vom 12. zum 13. Jh. zurückverfolgen. Belege für den randbeschlagenen Holzspaten finden sich u. a. in den Museen Bad Aibling, Garmisch-Partenkirchen und Mainburg in Oberbayern, Perschen und Regensburg in der Oberpfalz, Steinbach a. Wald in Oberfranken, Gunzenhausen (aus Theilenhofen) in Mittelfranken, Lohr in Unterfranken sowie Illerbeuren, Krumbach, Nördlingen, Weiler bei Lindau und Weißenhorn in Schwaben.

Hacken, *Átány/Ungarn (nach Edith Fél/Tamás Hofer)*

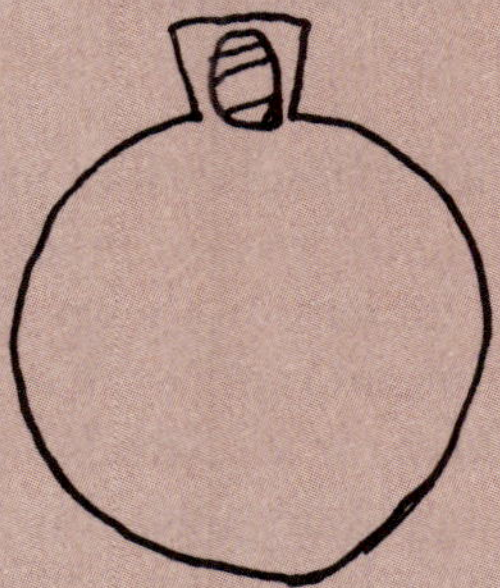

24 Rebenhacke (zum Zudecken der Stöcke)

25 Rübenhacke

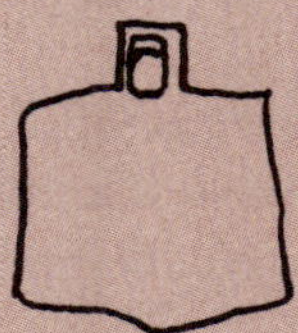

26 Erbsenhacke

27 Rebenhacke (zum Wurzelstutzen)

28 Gartenhacke

29 **Randbeschlagener Holzspaten,** *Frankenwald, Sammlung Steinbach a. Wald/OF*

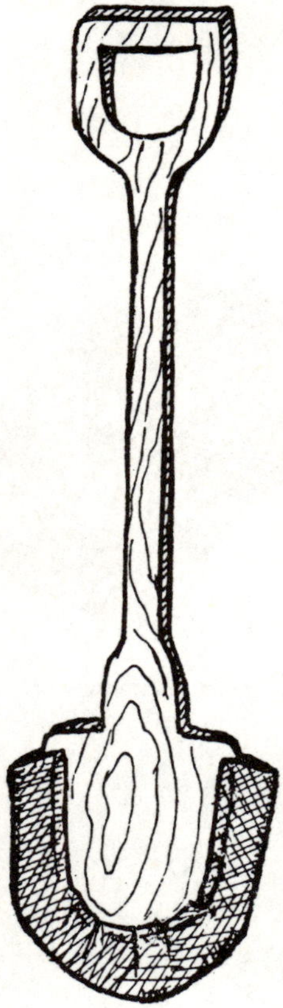

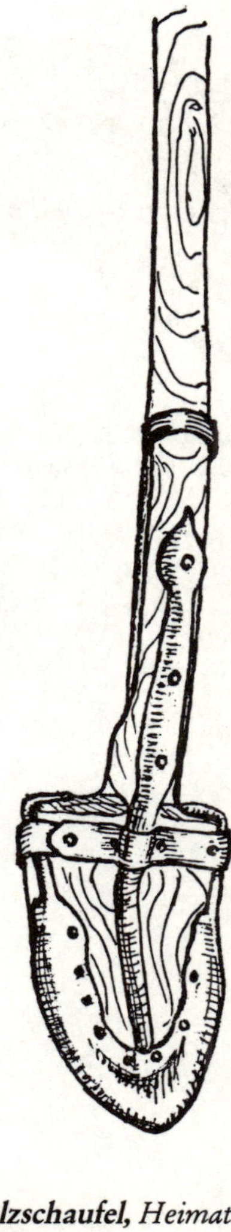

30 **Randbeschlagene Holzschaufel,** *Heimatmuseum Pfarrkirchen/NB*

Sä- und Saatgutbehältnisse

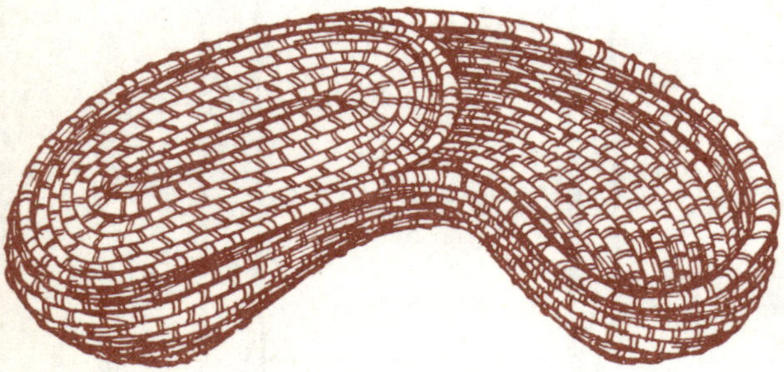

31 Säkorb, *Niederbayern, 19. Jh., Heimatmuseum Pfarrkirchen/NB*

Im Mittelalter war nachgewiesenermaßen das *Sätuch* bereits bekannt. In Bayern scheint es vorherrschend gewesen zu sein. In weiten Gebieten erfolgte die Aussaat sogar noch in den letzten hundert Jahren mittels Sätuch. Aus einem Bericht über die Volkstracht in der Oberpfalz (um 1860) erfahren wir, daß in der Gegend von Amberg, Nabburg, Roding und Neunburg vorm Wald ein weißes Leinentuch als Wetterschutz verwendet wurde, das im Frühjahr und Herbst als Sätuch diente. Ein schöner Bildbeleg für die Verwendung des Sätuchs findet sich auf einem Epitaph der Stadtpfarrkirche in Eschenbach/OPf. aus dem Jahr 1585.
Es ist auch anzunehmen, daß das Sätuch weiter verbreitet war als der *Säkorb,* der überdies wohl auch jünger ist. In Bayern, besonders in

32 Säkorb, *Burgauberg/Burgenland (nach Leopold Schmidt)*

Niederbayern, war neben dem Sätuch auch der Säkorb *(Säsumper)* in Gebrauch. Dies trifft in besonderem Maße auf das Gebiet der unteren Isar zu.
Eine Weiterentwicklung des Säkorbs stellt das hölzerne *Säschaff* dar, das mit einer Lochdaube zum Befestigen des Tragriemens (oder eines Strickes) und auf der gegenüberliegenden Seite mit einer Haltedaube versehen sein konnte. Die Säschaffe *(Säschaffln)* dürften sich bei uns aber nicht allgemein durchgesetzt haben.
Heute werden, wenn überhaupt noch mit Hand und breitwürfig gesät wird, Email-, Blech- und Kunststoffgefäße verwendet. Das Erbe der Säbehältnisse haben die *Drillsämaschinen* übernommen, die sich allgemein durchgesetzt haben.
Säkorb und Säschaff sind nicht zu verwechseln mit dem *Saatkorb*, der der Aufbewahrung von Saatgut diente.

33 ***Säschaff,*** *Rauris/Pinzgau (nach Leopold Schmidt)*

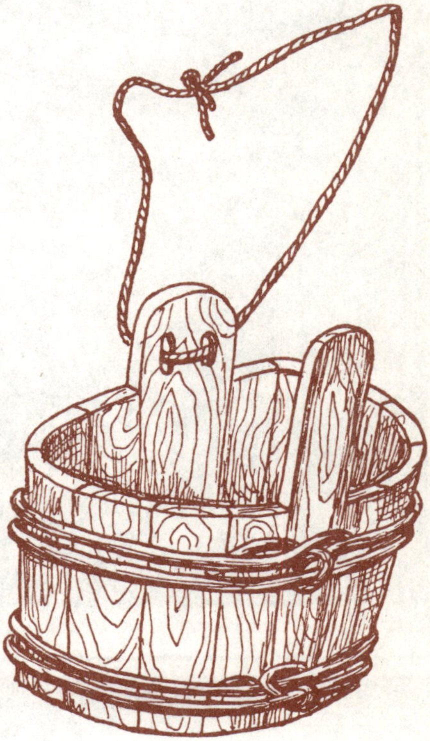

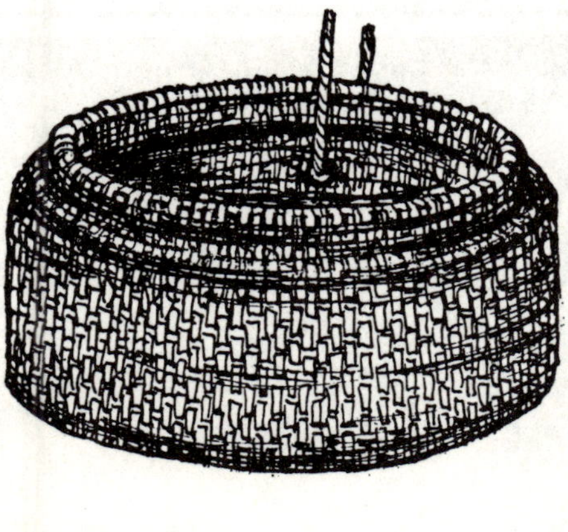

34 **Saatkorb** *(Korb für Saatgut), Südtirol, 18./19. Jh., Deutsches Brotmuseum, Ulm*

Mähen mit der Sense

Ernte

Ernte

Zu den Erntegeräten im weiteren Sinne zählen die Sicheln und Sensen, die Wetz- und Dengelgeräte, Rechen und Gabeln, die Dresch- und Reinigungsgeräte sowie die Getreidemaße. Die volkskundliche Geräteforschung hat aber nicht allein die Aufgabe, nur dem Einzelgegenstand nachzugehen, sondern auch den Zusammenhängen. Hierfür hat uns der inzwischen verstorbene Bürgermeister von Pfarrkirchen, Franz Stelzenberger, der eine sehr wertvolle Sammlung bäuerlicher Geräte zusammengetragen hat, ein treffliches Beispiel auf Grund der Aussagen eines alten Rottaler Bauern zur Verfügung gestellt. Dieser Bauer gab ihm eine Beschreibung der Einrichtung eines alten Troadkastens (Getreidespeicher). Der Rottaler Getreidespeicher befindet sich in den dortigen Vierseithöfen gewöhnlich über dem Schupfen.

Einrichtung eines Troadkastens

Das ausgedroschene Getreide lagert, jede Sorte für sich, fein säuberlich in Haufen. An der Wand waren Holznägel eingebohrt, an ihnen hingen die Reutern [Siebe]. *Die älteren hatten Holzgeflecht, die jüngeren Draht. Ferner ein paar Ahmreitern mit großem sechseckigen Geflecht. Sie dienten zum Abputzen des Getreides in der Tenne. Nach dem Ausdreschen mit dem Dreschflegel wurde das Stroh mit Holzgabeln weggegabelt. Kurzes Strohzeug dagegen wurde mit den genannten Ahmreitern vom Körnerhaufen getrennt. Zum Sauberputzen des Getreides waren außerdem im Troadkasten vorhanden: die Woazenreutern* [Kornreutern], *die Haberreutern, die Haarlinsreutern* [für Flachssamen], *das Rappensieb zum Abputzen der Korndaden und das Staubsieb. Auf der entgegengesetzten Seite des Kastens war eine Stange an Stricken aufgehängt. Auf ihr waren die Troadsäcke aufgehängt, säuberlich gerichtet. Das Aufhängen sollte die Mäuse abhalten, die Säcke zu zerbeißen. Daneben hingen noch ein paar Sätücher. Im Rottal kannte man den Säkorb nicht. Dagegen war er im Isartal bei Landau bekannt. An einem längeren Holznagel waren die Drischln aufgehängt, an einem anderen die Sicheln. Dazu kamen noch die dreizurkaten* [dreizinkigen] *Holzgabeln. Im Getreidekasten aufbewahrt wurden schließlich noch die Windmühle* [Putzmühle] *und die Holzschaufeln. In einem Eck standen die Metzl* [Metzenmaße] *und das Troadschaffl* [Getreidehohlmaß]. *Das Troadschaffl lief auf Holzrädern. In einem der Getreidehaufen steckte die Moitern* [Malter] – *sie diente dem Füllen der Säcke* –, *ein Sackwagl aus Holz zum Transport für die vollen Säcke, ebenso einige Reisigbesen und ein paar Flederwisch* [Gänseflügel]. *In einem an der Wand aufgehängten Schränkchen (Stellerl = Gestellerl) lagen Drischlhauben und Nähriemen, damit man gleich reparieren konnte, wenn eine Drischlhaube riß. Die Getreidehaufen waren entweder rechteckig oder oval hergerichtet. Mit einem Rechen, der nur kurze abgenutzte Zähne hatte, wurden die Haufen schön glatt gerecht, so daß die geringste Änderung wahrgenommen werden konnte (Schäden durch Katzen, Spatzen, Mäuse, Ratten; Diebstähle der Roßknechte u. a.). Zwischen den Haufen waren Mäusefallen aufgestellt aus Holz (Brettlfallen). Auf dem glatt gestrichenen Getreidehaufen wurde mit dem Rechenstiel das Zeichen INRI eingezeichnet.*

Dieser Bericht des alten Bauern aus dem Rottal wurde möglichst wortgetreu gebracht um zu zeigen, in welchem inneren Zusammenhang die einzelnen aufgeführten Geräte standen. Bedeutsam erscheint auch der Hinweis auf die Sonderfunktion des alten Holzrechens mit kurzen abgenutzten Zähnen. Wir finden es sehr häufig, daß abgenutzte Geräte für Spezialzwecke weiter verwendet werden, für Zwecke also, bei denen gerade der abgenutzte Zustand als besonders günstig erscheint, z. B. die mittlere, mit dem Stiel aus einem Stück gearbeitete Zinke einer hölzernen Korngabel zum Wenden der Gerste (Beispiel aus Schloß Amerang, Lkr. Rosenheim). Das sind Dinge, die uns die Geräte an sich nicht verraten, die wir vielmehr erst beim Befragen der Besitzer erfahren können.
Das Beispiel läßt sich auch noch weiter auswerten. Man kann z. B. alte Verlassenschaftsinventare des 17. und 18. Jh. zu Rate ziehen und wird dabei feststellen, daß sich die Einrichtung eines Troadkastens jener Zeit kaum oder nur wenig von der geschilderten unterscheidet, die etwa für die Zeit um 1900 Gültigkeit hatte. Man könnte aber einen solchen alten Rottaler Bauern auch in seinen Schupfen oder in seine Machlkammer begleiten. Dort wäre dann eine große Menge weiterer Werkzeuge und Geräte in sinnvollem Zusammenhang zu finden, namentlich Werkzeuge der Holzbearbeitung.

Sicheln und Sensen

Obwohl die *Sichel* wesentlich älter als die Sense ist, hat das letztgenannte modernere Gerät ihre Vorgängerin lange nicht ganz verdrängen können. Das Institut für Volkskunde der Kommission für Bayerische Landesgeschichte hat 1967 eine Erhebung über die Erntearbeiter aus dem Bayerischen Wald veranstaltet, die sich alljährlich in Straubing und Deggendorf an die Getreidebauern des Gäubodens verdingt haben. Die Ergebnisse wurden 1968 veröffentlicht. Danach wurde das Korn in Bayern zum Teil bis in die Jahre um 1930 noch mit der Sichel geschnitten (vgl. Günther Kapfhammer, Der Straubinger Gesindemarkt und die Erntezeit im Gäuboden).

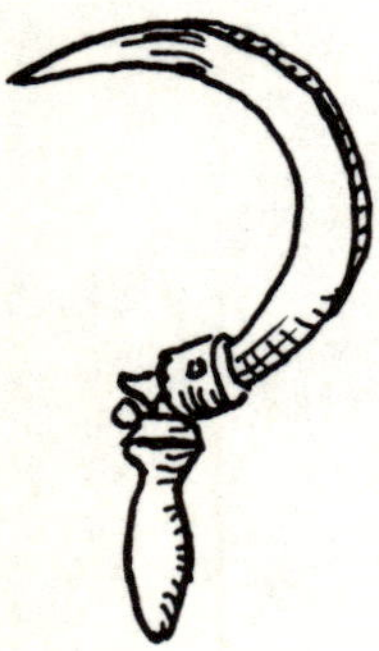

35 Sichel, *Wildschönau/Tirol*

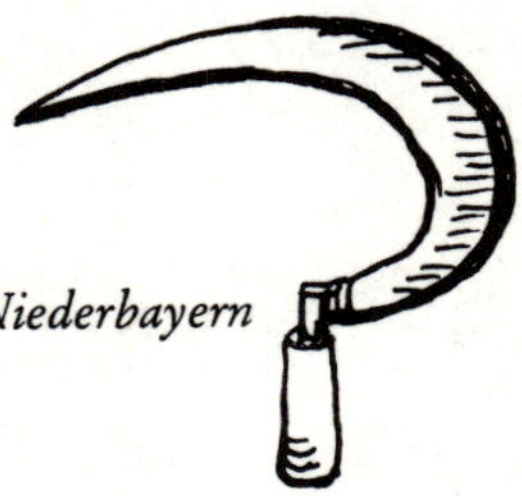

36 Sichel, *Niederbayern*

Auch in der Gegend von Ansbach wurde beim Kornschnitt das Schneiden mit der Sichel nur sehr zögernd aufgegeben; dort wurde sie noch bis in die achtziger Jahre des vorigen Jahrhunderts benützt (vgl. A. Traunfelder, Die Schnitt- oder Getreideernte und das Dreschen in unserer Heimat). Es wird Aufgabe der künftigen volkskundlichen Forschung in Bayern sein, das Verhältnis der Sichel zur Sense beim Kornschnitt und den Prozeß der Ablösung der einen durch die andere für alle Landesteile genau darzustellen.

Sicheln und Sensen wurden überwiegend von einheimischen Sensenschmieden gefertigt. In den Nürnberger Handwerkslisten aus dem Jahr 1363 sind bereits eigene Sensenschmieden erwähnt. Doch wurden in Ober- und Niederbayern wie auch im bayerischen Schwaben oberösterreichische und steirische Sicheln und Sensen verwendet. Mit Sicherheit wurden oberösterreichische Sensen in Nördlingen für das Ries verkauft. Der Sensenimport in Bayern und damit die Frage der Verbreitung der Sensen und ihrer verschiedenen Typen ist noch nicht näher untersucht.
Sehr unterschiedlich sind die Bezeichnungen für die *Sense.* Für die *Gestellsense* verzeichnet Schmeller (I, Sp. 788) *Flodersensen* für den Lungau, *Blattersensen* für das Zillertal (vgl. Steiermark: *»Flattern«*). Die Sense mit Fangrechen (*»Habergarschten«* in der Steiermark) erscheint in einem bäuerlichen Inventar des Jahres 1633 aus der Gegend von Wiesenfelden, Lkr. Bogen als *»haaberrecher«*.

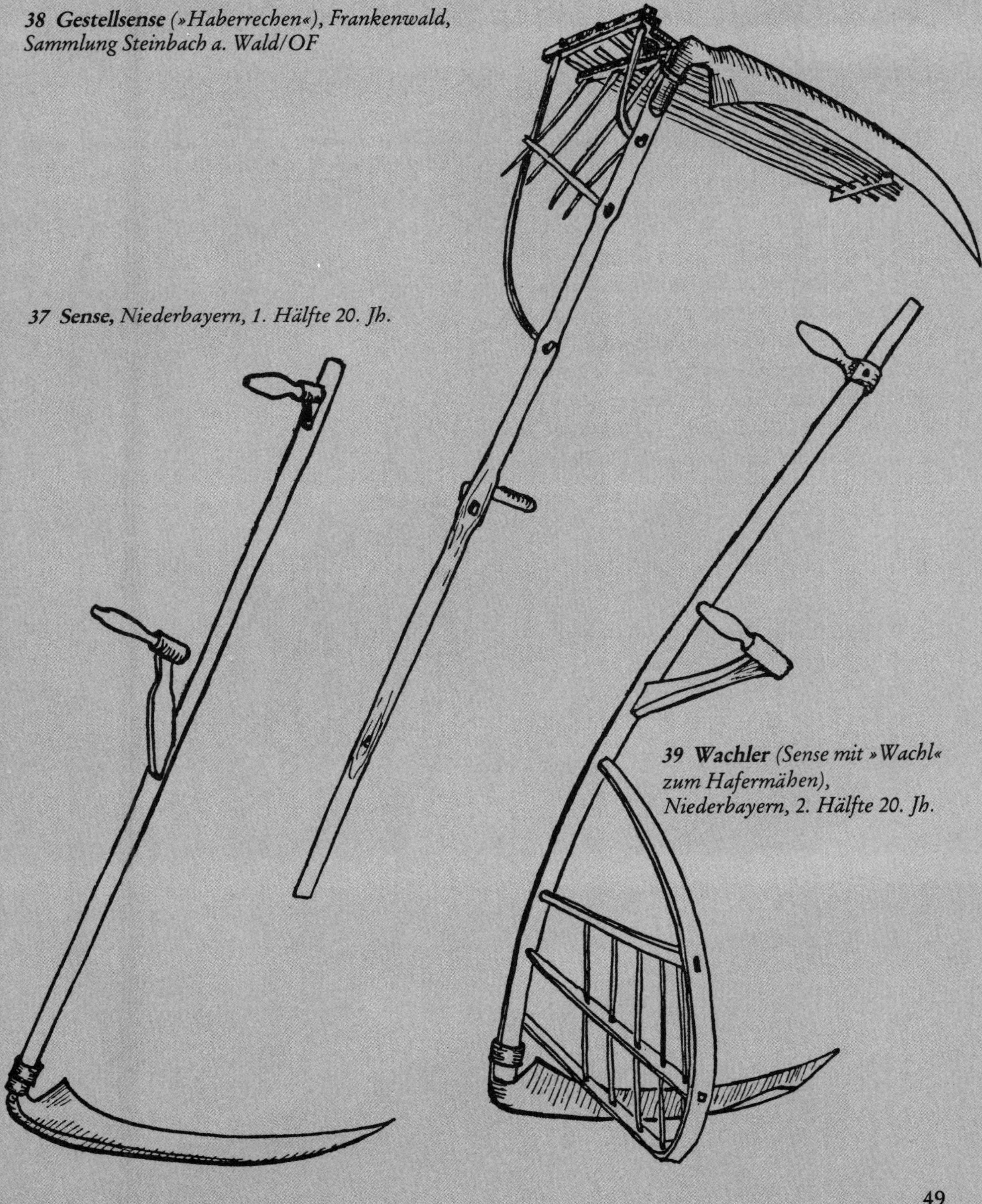

38 Gestellsense *(»Haberrechen«), Frankenwald, Sammlung Steinbach a. Wald/OF*

37 **Sense,** *Niederbayern, 1. Hälfte 20. Jh.*

39 Wachler *(Sense mit »Wachl« zum Hafermähen), Niederbayern, 2. Hälfte 20. Jh.*

Wetzgeräte und Dengelzeug (»Denglgschirr«)

Die früheste Darstellung des Dengelns, die bisher bekannt wurde, befindet sich auf einem Fresko im Adlerturm zu Trient aus der Zeit um 1407. Der *Dengelbock* ist in Bayern noch in den verschiedensten Formen anzutreffen (vgl. auch Torsten Gebhard, Die Auswertung des Massivholzes). Im Zuge der Mechanisierung der Landwirtschaft wird er jedoch immer seltener.

40 **Wetzsteinhorn** *(mit Wetzstein), Heimat- und Hirtenmuseum Hersbruck/MF*

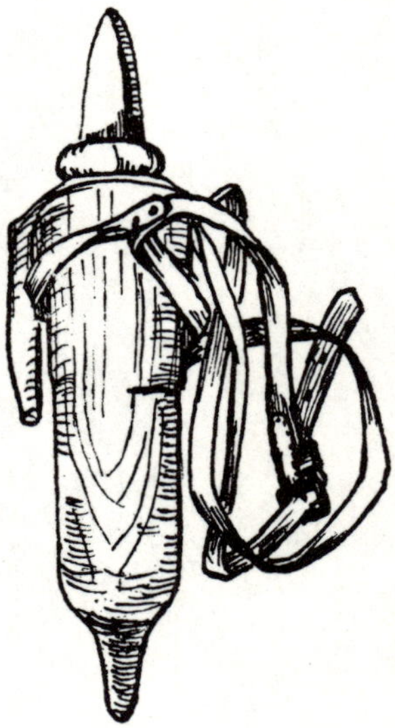

41 **Wetzsteinkumpf** *(mit Wetzstein), Heimat- und Hirtenmuseum Hersbruck/MF*

42 **Wetzsteinkumpf,** *Niederbayern*

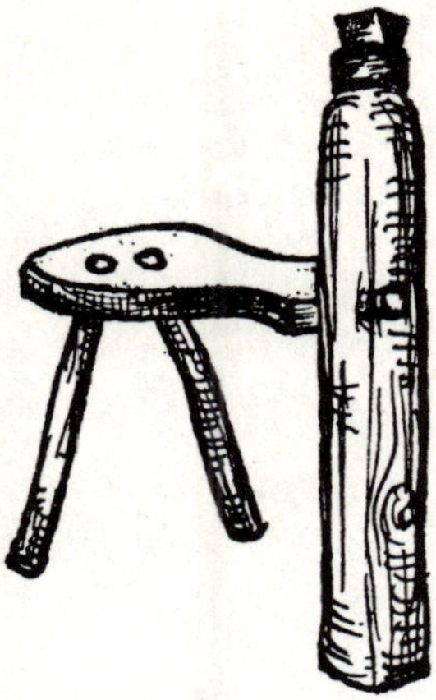

43 **Dengelbock,** *Oberbayern*

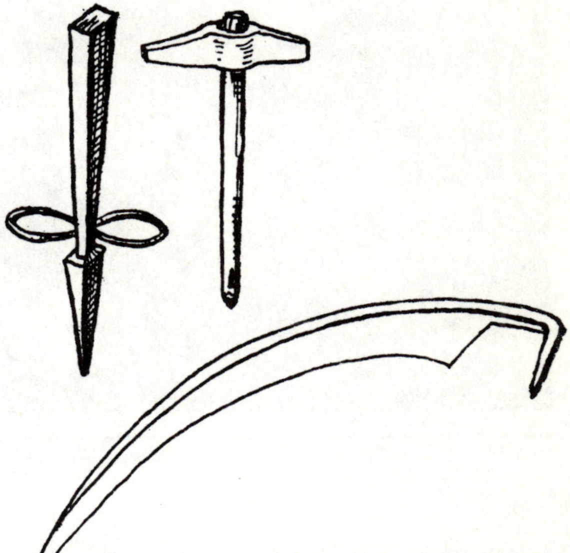

44 **Dengelstock, Dengelhammer** *und* **Sensenblatt**

45 **Dengeln,** *Isarwinkel/OB*

»Vom Heumachen.«
Mähen (mit der Sense), Zusammenrechen und Trocknen des Grases sowie Aufladen des Heues

Rechen

Der *Rechen* (lat. rastrum) war u. a. auch schon den Römern bekannt. Außerdem finden wir ihn auf vielen mittelalterlichen Darstellungen. Gerade die Heu- und Getreideernte war immer wieder bevorzugter Gegenstand der Jahreszeiten- und Monatsbilder. Der *Zwieselrechen* ist heute noch in Bayern weit verbreitet und wird auch in München als Gerät für den Heimgarten verkauft. Als eigene »Rechenlandschaft« zeichnen sich die Rhön und das Allgäu ab.

Eine besonders wertvolle Sammlung an Heurechen besitzt das Bauernmuseum in Illerbeuren, in der auch *Kinderrechen* vertreten sind. Die Einübung der Kinder in die Arbeit der Erwachsenen war früher ein wesentliches Element der Erziehung. Kinderspielzeug waren diese Rechen, wie fälschlicherweise oft angenommen wird, in aller Regel nicht.

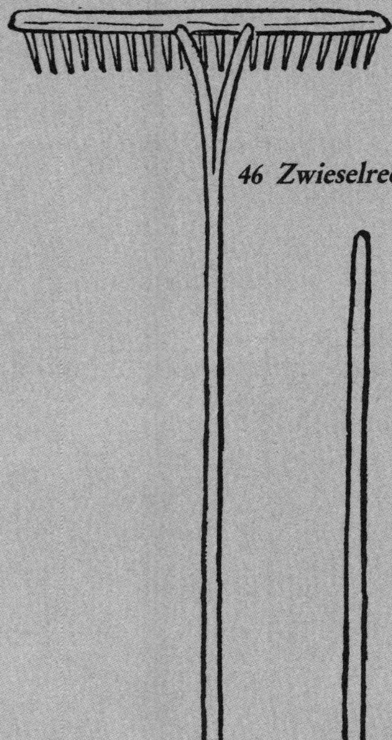

46 Zwieselrechen, *Stubaital, 1960*

48 Bügelrechen *(mit Rehmen), hinterer Bregenzerwald (nach Oskar Moser)*

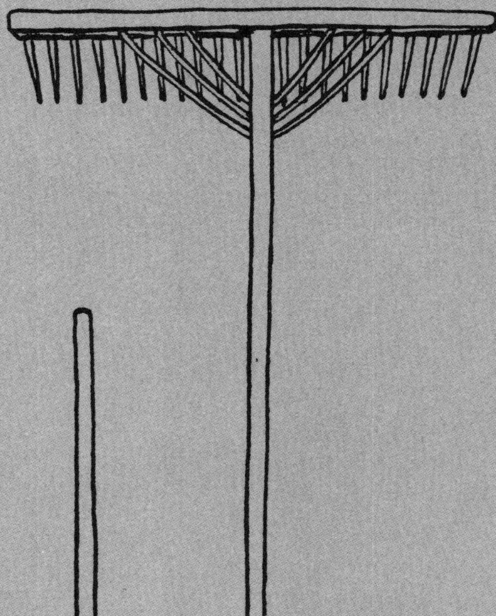

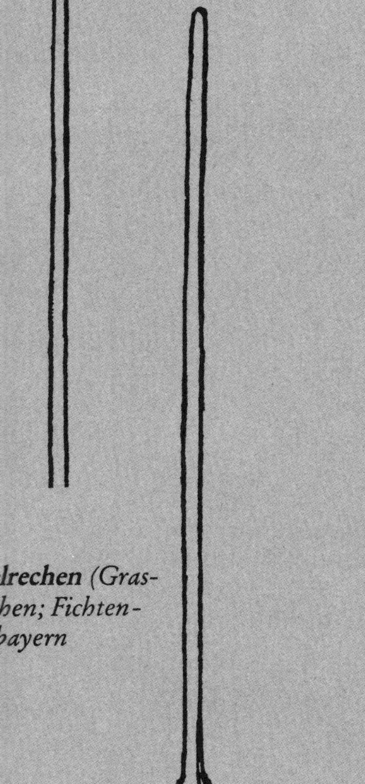

47 Blattstielrechen *(Gras- und Heurechen; Fichtenholz), Oberbayern*

49 Doppelrechen *(für das Nachrechen auf dem Getreidefeld), Niederbayern, Oberpfalz*

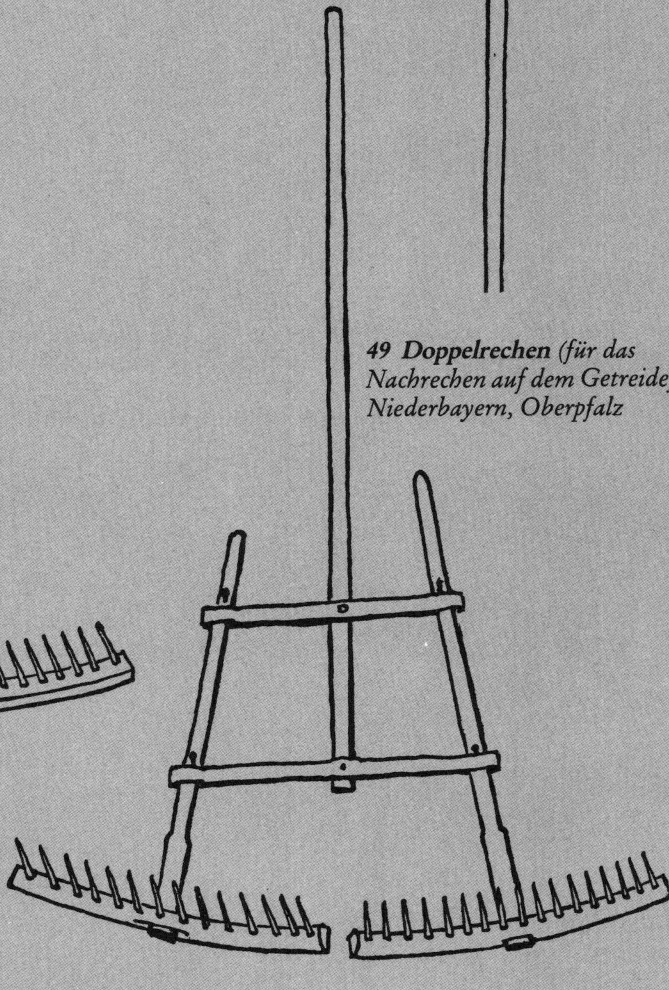

Ernte

Rechen mit verschiedenen Formen (nach Oskar Moser; die Daten sind Aufnahmejahre)

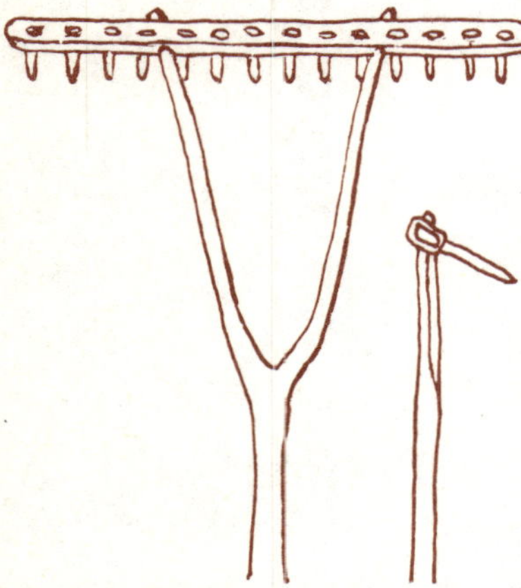

50 Aststielrechen *(mit naturgewachsenem Zwiesel), Übermurgebiet, 1969*

52 Bügelrechen *(»Bogenrechen«), Liebenau/Oberösterreich, 1963*

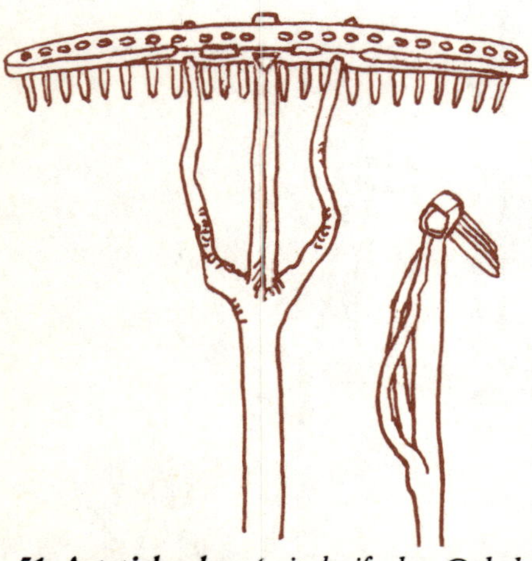

51 Aststielrechen *(mit dreifacher Gabel; »Birkenstielrechen«), Lavanttal/Kärnten, 1950*

53 Blattstrebenrechen, *Abfaltersbach im Pustertal/Osttirol, 1971*

54 Schaftrechen, *Göstling/Niederösterreich, 1971*

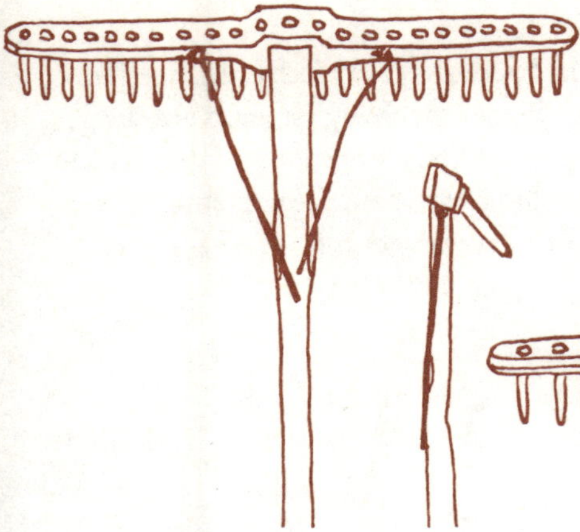

56 Spaltstielrechen *(mit hölzerner Bogenverstrebung), Gaming/Niederösterreich, 1971*

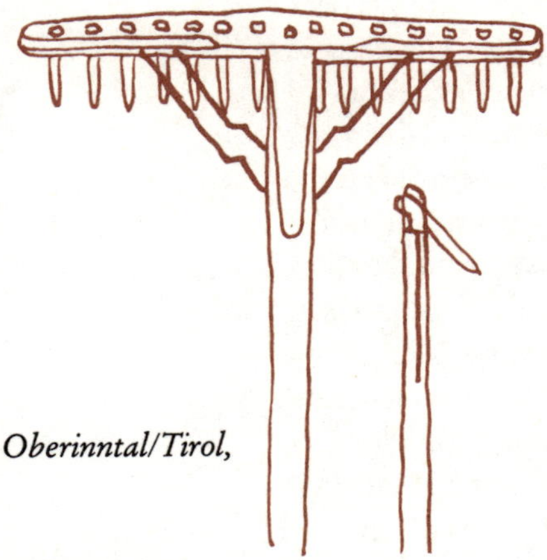

55 Schaftrechen, *Schönwies im Oberinntal/Tirol, 1971*

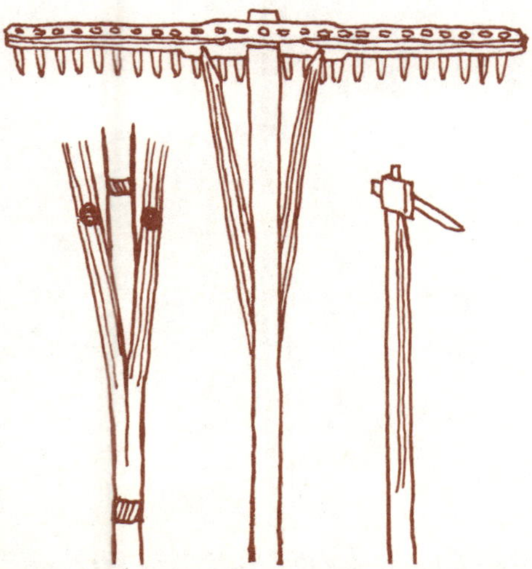

57 Spaltstielrechen *(mit dreifach gespaltenem Stiel), Neusiedl am See/Burgenland, 1971*

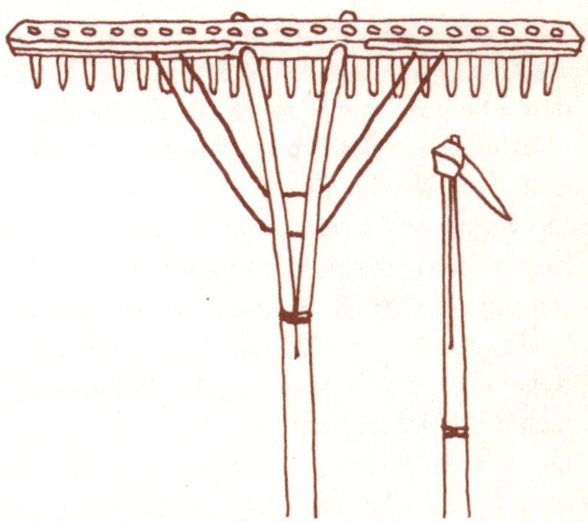

58 Spaltstielrechen *(mit zwei Drahtverstrebungen), Niederthei im Ötztal/Tirol*

Gabeln und Bindegerät

Die *Holzgabeln* gehören mit zu den Urgeräten der Menschheit. Sie hat es in mannigfaltiger Form und Gestalt gegeben und waren fast überall anzutreffen. Wegen ihres komplizierten Baus wurden sie von eigenen Gabelmachern, bisweilen auch von den Rechenmachern, hergestellt. Die hölzernen Gabeln Niederbayerns wurden auf dieselbe Weise gefertigt wie die oberösterreichischen und salzburgischen. In Niederbayern sind sie heute noch relativ häufig in den Landkreisen Passau und Freyung anzutreffen. Man verwendete im Bayerischen Wald vorzugsweise Buchenholz. Der untere längere Teil des Stiels hatte eine Länge von etwa 105 cm, der obere (von der Gabelung an) etwa 65 cm.
Zu den Gabeln sind auch die *Kartoffelwaschgabeln* zu zählen, von denen sich gute Beispiele im Heimatmuseum Tittmoning befinden. Die hölzerne Waschgabel diente auch zum Waschen des Obstes. Sie scheint eine Erfindung des 19. Jh. zu sein.
Die hölzernen *Strohgabeln*, die sich bis heute in Niederbayern erhalten haben und im unteren Bayerischen Wald noch benutzt werden, sind besonders formschöne Geräte (in der Regel drei- oder vierzinkig, die Zinken vielfach mit Eisen bewehrt).
Der *Garbenbindnagel* war ein Hilfsmittel zum Binden der Garben, die dann als sog. Heu- und Getreidemandln zum Trocknen aufgestellt wurden. Der Bindnagel war besonders in Niederbayern häufig anzutreffen. In diesem Zusammenhang ist auch auf die verschiedenen *Garbenformen* und die Art ihrer Aufstellung sowie auf die verschiedenen Formen der *Trockengeräte (»Heinzen«)* und ihre Herstellung hinzuweisen.

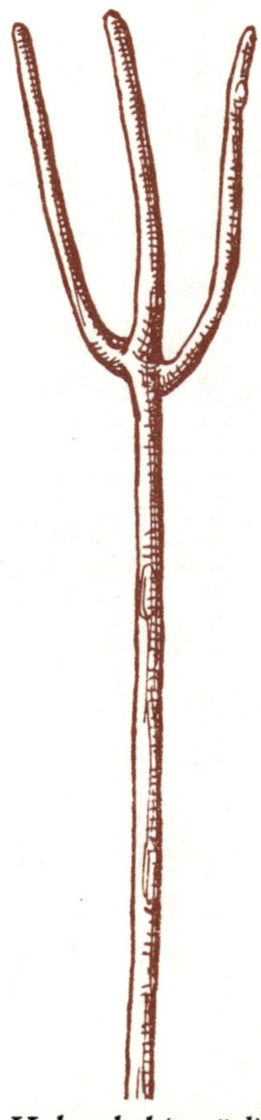

59 Dreizinkige Holzgabel *(natürliche Verzweigung), Mittelfranken, Heimat- und Hirtenmuseum Hersbruck/MF*

60 **Hölzerne Strohgabel** *(mit Eisenspitzen bewehrt), Niederbayern, 2. Hälfte 19. Jh. (seit 16. Jh. im Alpen- und Voralpengebiet verbreitet)*

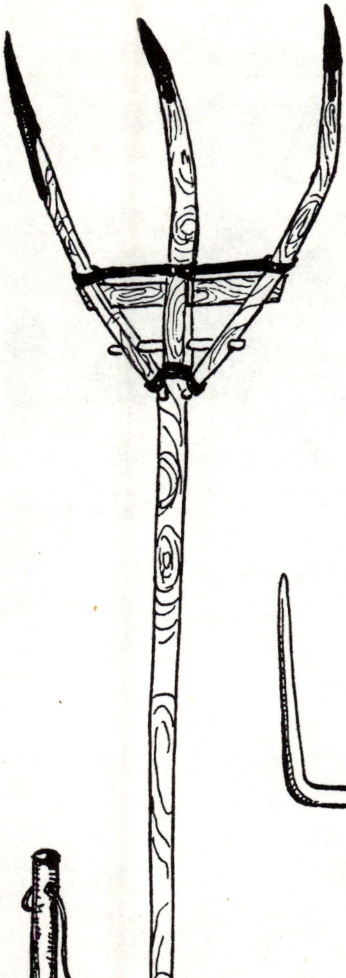

61 **Vierzinkige Holzgabel,** *Niederbayern, Heimatmuseum Landau a. d. Isar/NB*

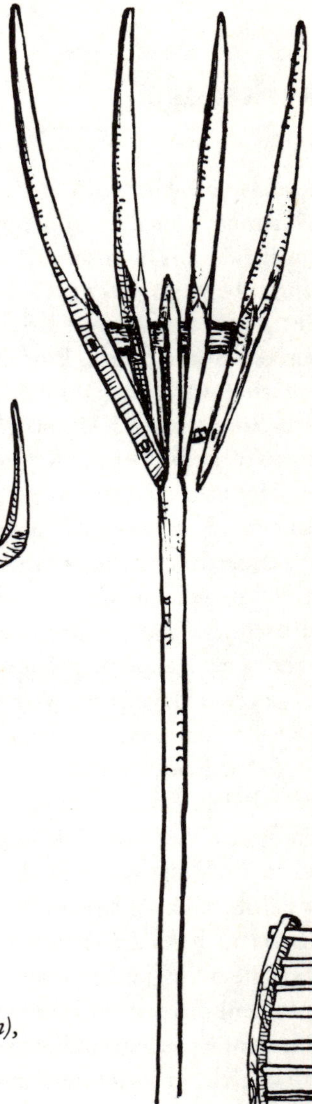

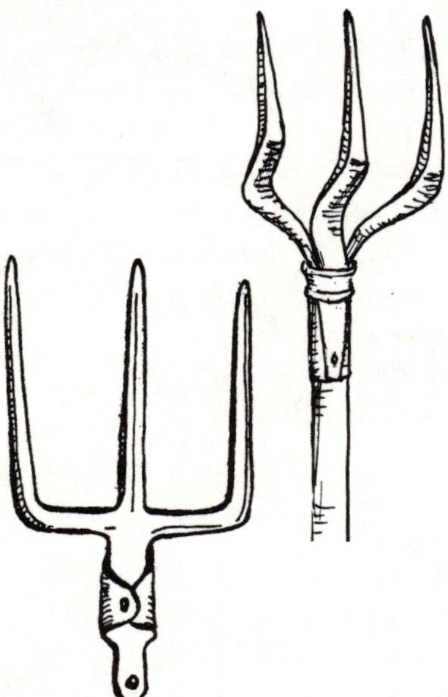

63/64 **Mistgabeln** *(Schmiedeeisen), Niederbayern*

62 **Bindnagel** *(Garbenbindnagel), Niederbayern*

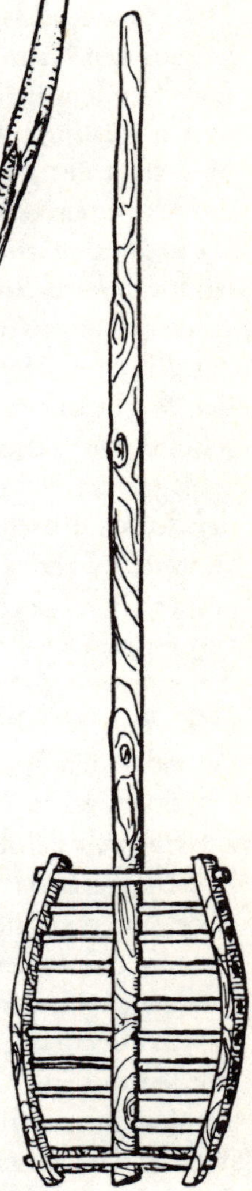

65 **Kartoffelwaschgabel,** *Niederbayern, 19. Jh.*

Dreschwerkzeuge

Das Dreschen, also das Herauslösen der Körner aus den Halmen, wurde in früheren Zeiten – auf dem Balkan bis in unsere Zeit herein – dadurch besorgt, daß man Tiere ohne oder mit *Dreschschlitten* im Kreis über die ausgebreiteten Ähren führte. Eine alte Form des Drusches war auch das im Alpenland weit verbreitete und in Kärnten Pleschen genannte Auspeitschen der Körner aus den Ähren, indem man die Garben mit großer Wucht auf *Pleschböcke* oder *Pleschgatter* schmiß. Die weitere Entwicklung brachte die Schlaggeräte, mit denen man die Körner aus den Ähren drosch. Für das Ausdreschen des Getreides war der als Kappenflegel ausgeprägte *Dreschflegel* in Bayern am weitesten verbreitet. Daneben gab es in Niederbayern den *eisenbewehrten Dreschstecken (»Bengel«, »Pengel«)*. Belege finden sich für beide besonders häufig in Ober- und Niederbayern, doch waren die Dreschstecken ohne Zweifel weit darüber hinaus bekannt. Zu den Dreschgeräten ist auch der *hölzerne Dreschstock* mit gebogenem Griff zu rechnen, mit dem die Leinsamenkörner des Flachses ausgeschlagen wurden. Er scheint in Bayern im 19. Jh. überall in gleicher Form hergestellt worden zu sein.

Schulrat Jungwirth berichtet über die Herstellung der Dreschflegel in der Amberger Gegend:

Dreschen und Einsacken des Getreides

Der Stiel aus Fichtenholz (handstägga) ist 135 bis 156 cm lang. Flegel aus Eichen- oder Buchenholz sind 46 bis 58 cm lang. Die Verbindung von Stiel mit dem Flegel – oben die Drischelhaube – erfolgte durch das Mittelband aus Rindsleder. Die Drischelhaube selbst ist aus Schweinsleder. Dieses konnte nur vom Abdecker bezogen werden. Mit einem einfachen Muster aus Pappe wurden die einzelnen Hauben aus der Haut geschnitten.

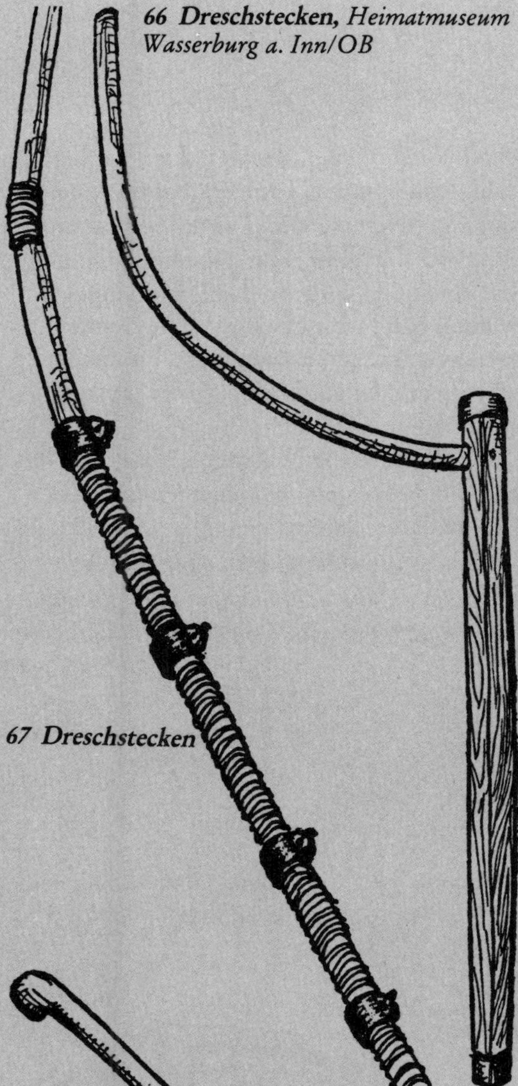

66 Dreschstecken, *Heimatmuseum Wasserburg a. Inn/OB*

67 **Dreschstecken**

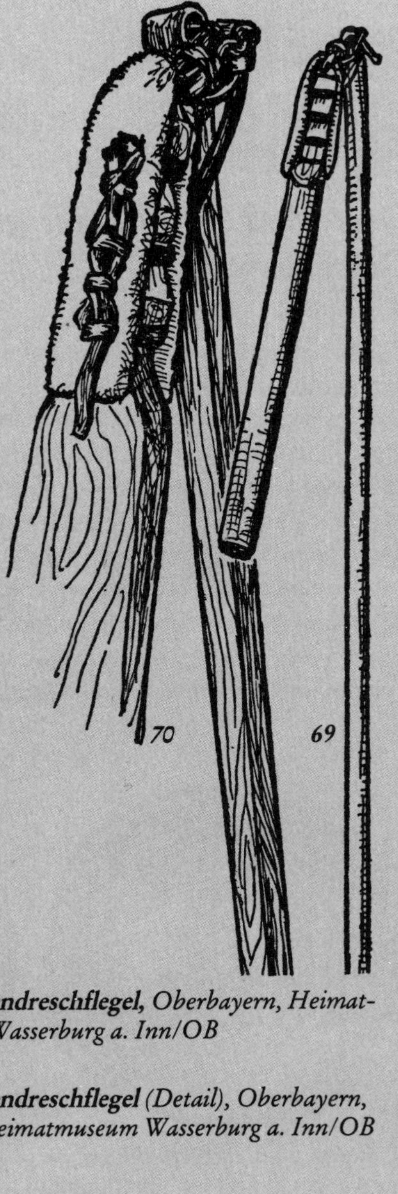

69 **Kappendreschflegel,** *Oberbayern, Heimatmuseum Wasserburg a. Inn/OB*

70 **Kappendreschflegel** *(Detail), Oberbayern, 19. Jh., Heimatmuseum Wasserburg a. Inn/OB*

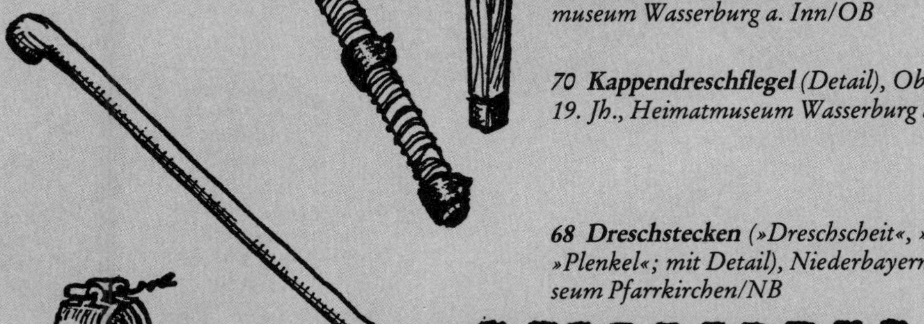

68 **Dreschstecken** *(»Dreschscheit«, »Bengel«, »Plenkel«; mit Detail), Niederbayern, Heimatmuseum Pfarrkirchen/NB*

Getreidereinigungsgeräte und Getreidemaße

Das Sortieren und die Grobreinigung der Ernteprodukte geschah ursprünglich mit hölzernen *Schaufeln,* mit denen man die ausgedroschenen, aber noch mit vielen kleinen Strohteilen vermengten Körner im Freien bei leichtem Wind in die Höhe warf, wobei *»die Spreu vom Weizen«* getrennt wurde. Diese aufwendige, von der Witterung abhängige Arbeit übernahm später die *Putzmühle,* auch *Windmühle* genannt, die nach dem gleichen Prinzip arbeitet: Mittels einer Handkurbel wird Wind erzeugt, der so dosiert werden kann, daß Spreu und Körnerfrüchte voneinander getrennt werden. Für die Feinreinigung wurden Siebe, sog. *Reutern* (baier. *»Reitern«*) – ursprünglich mit geflochtener Wanne, später mit Eisengeflecht – verwendet, deren Zargen entweder aus Flechtwerk (»Wulst«) oder aus Holz (»Span«) bestehen konnten.

Das volkstümliche Maßwesen basiert auf den vom Menschen genommenen Maßen. Eine Handvoll, ein Schritt, eine Elle, ein Fuß, eine Spanne usw. sind sog. Urmaße, so unvollkommen sie auch, mathematisch betrachtet, sein mögen. Andere Maße beruhen auf kon-

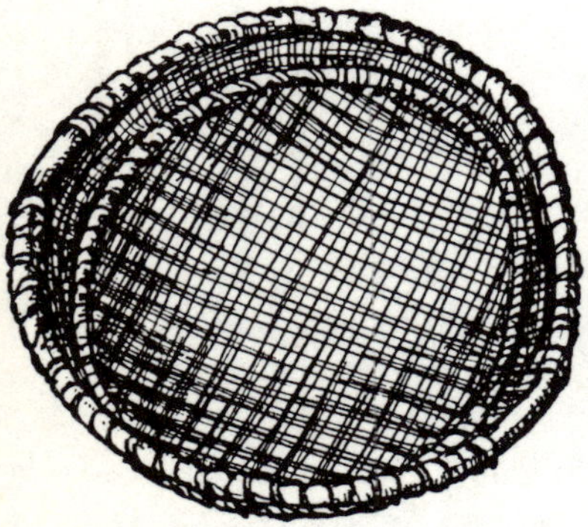

71 **Reiter** *(Sieb) mit geflochtener Zarge (»Wulst«)*

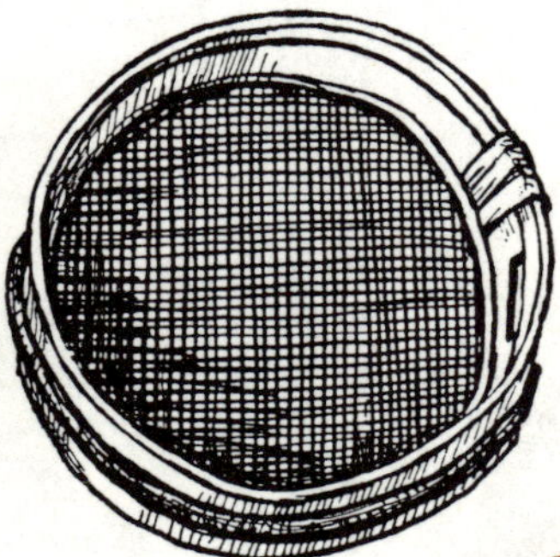

72 **Reiter** *(Sieb) mit hölzerner Zarge (»Span«), Rottal/NB*

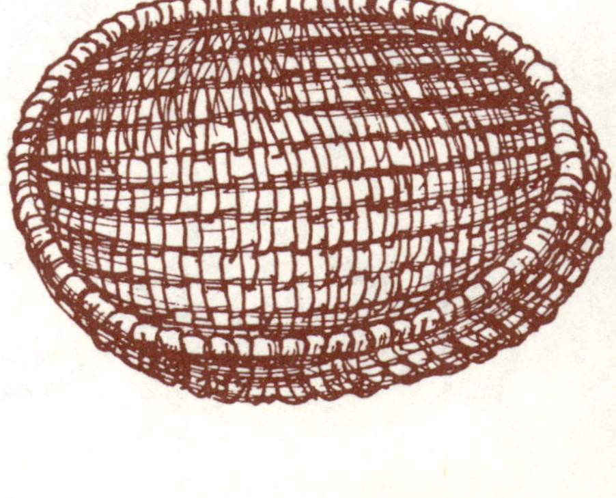

73 **Schwinge** *(geflochtene »Wanne«), Fulpmes/Stubaital, 1960*

ventionellen Größen, wie ein Teelöffel (Eßlöffel), eine Tasse, ein Teller. Schmeller bringt unter den Stichwörtern wie »Metzen«, »Mutt«, »Scheffel« reiches Material. »Maßgebend« waren zentrale Orte wie München, Mühldorf a. Inn, Wasserburg a. Inn, Rosenheim, Traunstein, Kelheim, Landau a. d. Isar, Augsburg, Günzburg, Burgau, Roggenburg, Ulm (Donau), Göggingen, Nürnberg, Ansbach, Eichstätt, Hersbruck.
Die wichtigsten Getreidemaße bei uns waren der *Metzen* und der *Scheffel*, die beide von den metrischen Maßen abgelöst worden sind. Durchgesetzt haben sich besonders Getreidemeßbehälter von 10 Litern und 50 Litern.

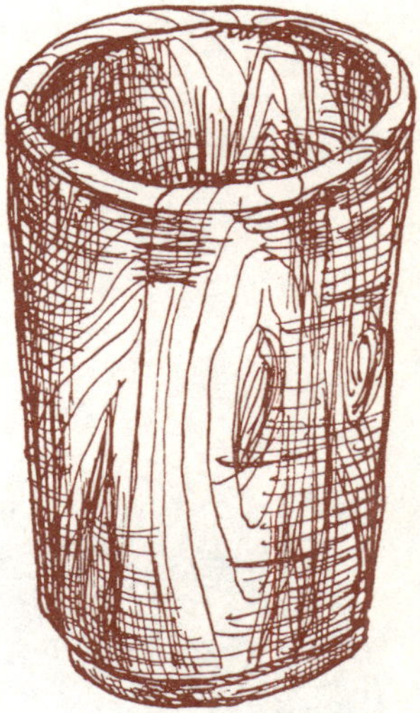

75 Getreidemaß *(½ Scheffel = rd. 210 Liter; aus einem ausgehöhlten Baumstamm)*

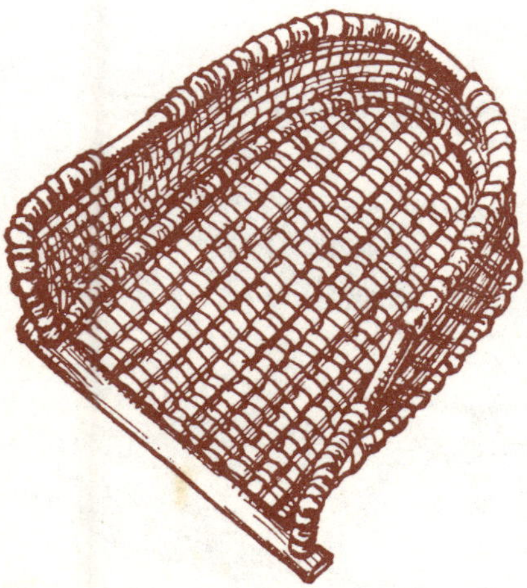

74 Schwinge *(Spanflechterei), Fulpmes/Stubaital, 1960*

76/77 **Getreidemaße,** *50 und 10 Liter, Mitte 19. Jh., Heimatmuseum Tittmoning/OB*

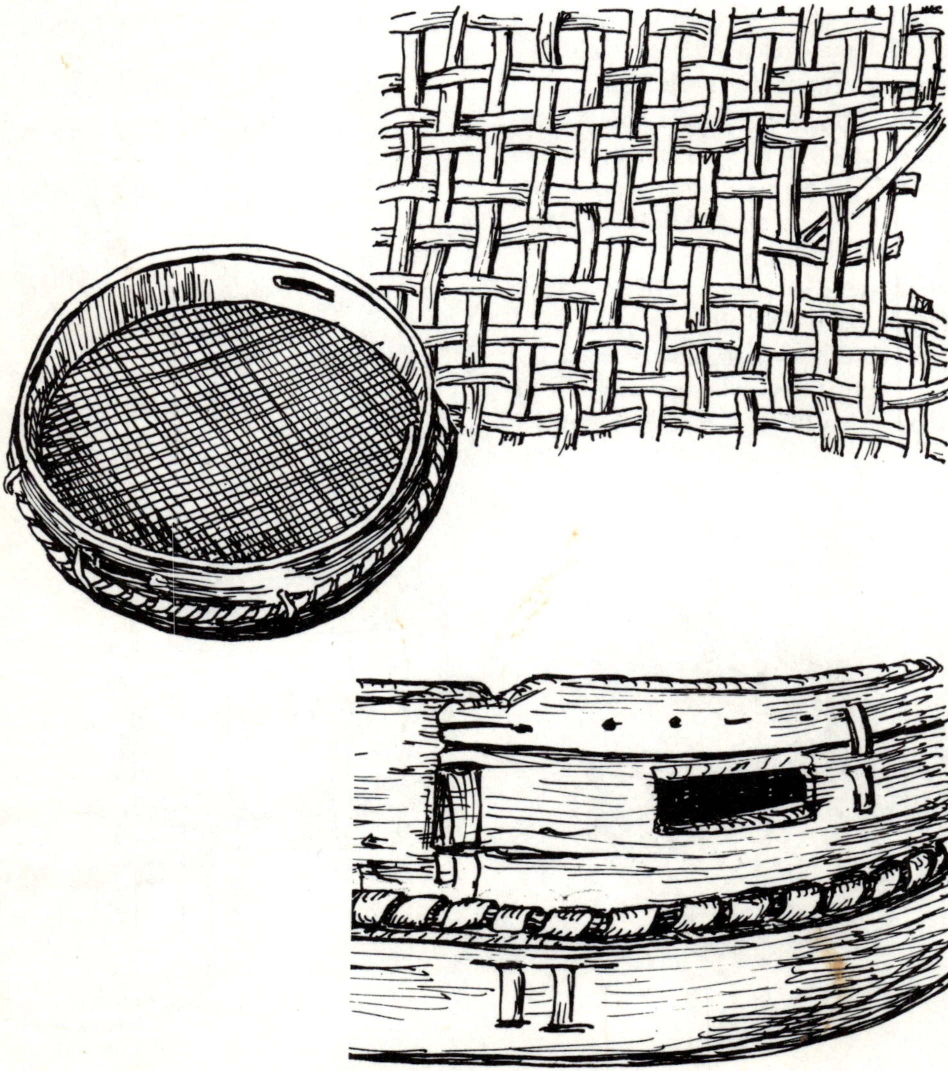

◁ *78* **Haberreiter** *(Getreidesieb; mit Detail des Flechtwerks), Katschtal/Kärnten, Kärntner Freilichtmuseum, Maria Saal*

◁ *79* **Zargeneinfassung** *einer Kornreiter (Getreidesieb), Rosental/Kärnten, Kärntner Freilichtmuseum, Maria Saal*

80 **Putzmühle** *(Windmühle), Steiermark (auch Kärnten, Tirol, Bayern, Ober- und Niederösterreich), Österreichisches Freilichtmuseum, Stübing bei Graz*

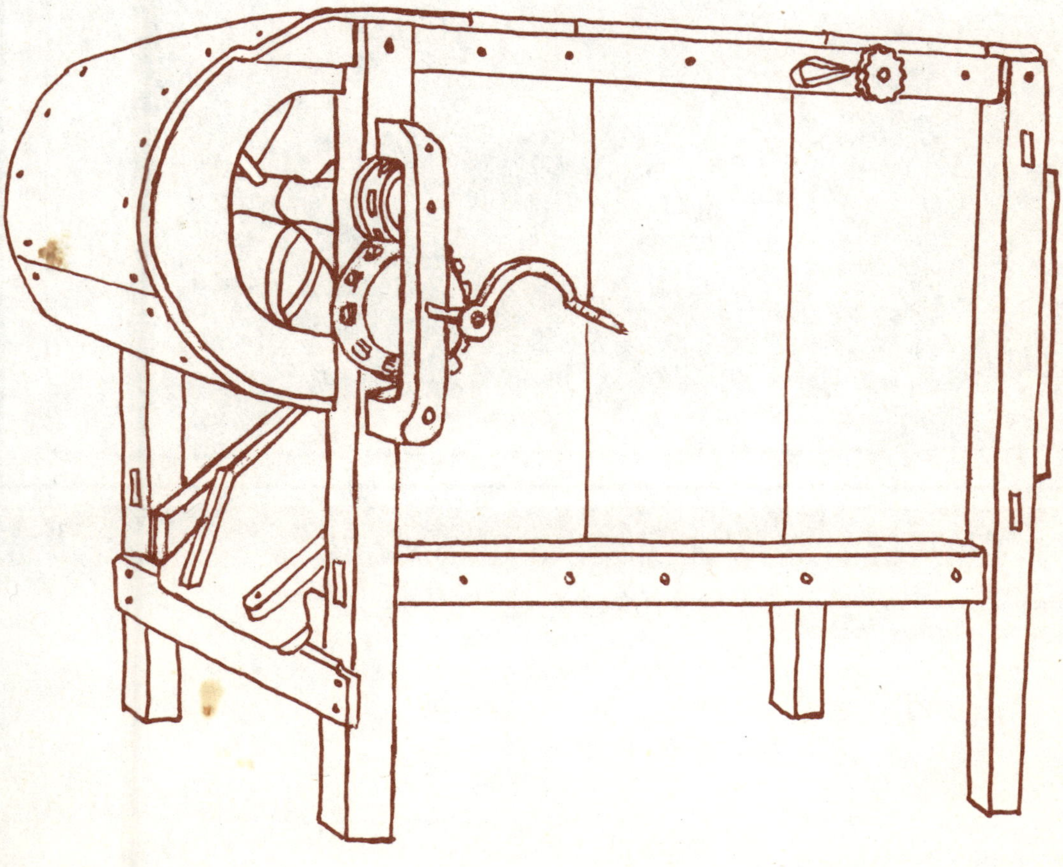

Kuhstall (rechts im Bild eine dreizinkige Holzgabel und ein Schaftbügelrechen)

Tierhaltung

Tierhaltung

Unter das Kapitel Tierhaltung fällt wesentlich mehr als, wie hier behandelt, das Herdengeläute für die frei weidenden und die Zäune für die auf bestimmte Weideplätze verwiesenen Tiere sowie die Schafhaltung. Erwähnt seien hier nur die Stalltierhaltung der Kühe, Ochsen und Pferde, der Ziegen und Schweine sowie des Geflügels, ferner die Haustierhaltung von Hunden und Katzen, die im wesentlichen die Fütterung, Reinigung und Pflege der Tiere sowie die Sauberhaltung ihrer Ställe umfaßt. So wäre es ohne weiteres vertretbar, den Graskarren, die Odeltruhe und den Odelwagen nicht bei den Transportgeräten, sondern hier bei den Geräten für die Tierhaltung zu behandeln.

Im übrigen muß bemerkt werden, daß den Geräten der Tierhaltung noch viel zu wenig Aufmerksamkeit gewidmet worden ist. Es würde sich beispielsweise anbieten, die Unterbringung der Schweine sowie die Geräte für ihre Fütterung und Schlachtung näher zu untersuchen.

Schellen, Rollen und Glocken

Schellen, Rollen und Glocken dienten und dienen in erster Linie der Standortbestimmung von Weidetieren im nicht eingezäunten Gelände, vor allem also auf den Almen. Kühe und Kälber versah man mit verschieden großen *Schellen,* gelegentlich auch mit Glocken. Pferde wurden dagegen fast ausschließlich mit *Glocken* ausgestattet. Diese hatten bei Ausfahrten mit dem Wagen oder mit dem Schlitten darüber hinaus die Aufgabe, ihr Kommen anzukündigen und für freie Bahn zu sorgen. Kleineren Tieren, wie z. B. Ziegen, hing man *Rollen* oder *Glöckchen* um den Hals, weil für sie Schellen und Glocken viel zu schwer waren. Mehrere Schellen oder Rollen zusammen ergaben das *Geläute,* das man ebenfalls Pferden bei Ausfahrten umhängte. Geschmiedete Kuhschellen waren in allen drei bayerischen Stammesgebieten bekannt. Die Schellen, Rollen und Glocken wurden vom Schmied, oftmals aber von eigenen Schellenschmieden, angefertigt. Eine Schellenschmiede befindet sich noch in Brand bei Ruhpolding. Über die Schellenrichter der Hersbrucker Gegend siehe bei Rudolf Wetzer, Schellenschmieden im Hersbrucker Land. Schellen, Rollen und Glocken stellt heute noch die Firma Graßmayr in Innsbruck, Schellen die Firma K. Mair in Fulpmes im Stubaital her.

Zu den ausgewählten Gegenständen der Volkskunst zählen die hölzernen *Schellenbögen,* wenn sie reichen Zierat aufweisen. Auch die (ledernen) *Schellenriemen* können außerordentlich kunstvoll verziert sein; hingewiesen sei hier auf die ornamentalen Gänsekielstickereien. Besonders die Hersbrucker Gegend ist seit langem für die reich bemalten Schellenbögen bekannt. In Altbayern haben die Schellenbögen ebenso wie die *Wiegenbögen* dagegen keine Rolle gespielt.

***81/82* Kuhschellen** *(»Klopfer«), datiert 1776 und 1779, Heimatmuseum Oberstdorf/Schw.*

◁ *Pferdestall (mittlerer Roßknecht mit Striegel, rechter mit Futterschwinge)*

Tierhaltung

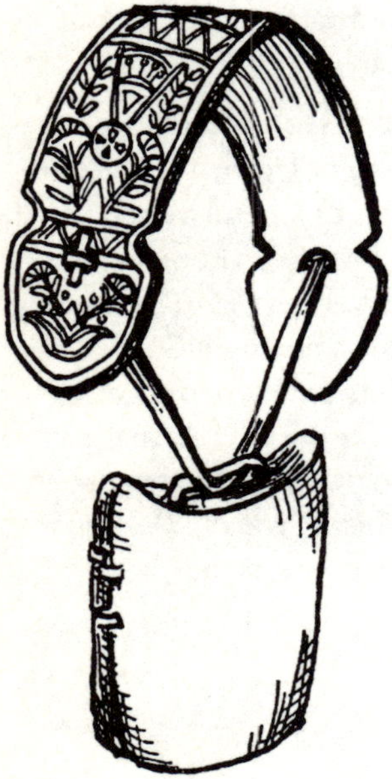

85 Rolle, *Innsbruck, Mitte 20. Jh.*

83 Kuhschelle *(mit mittelfränkischem Schellenbogen)*

84 Kuhschelle *(mit gänsekielbesticktem Lederriemen), Toggenburg/Schweiz, 19. Jh.*

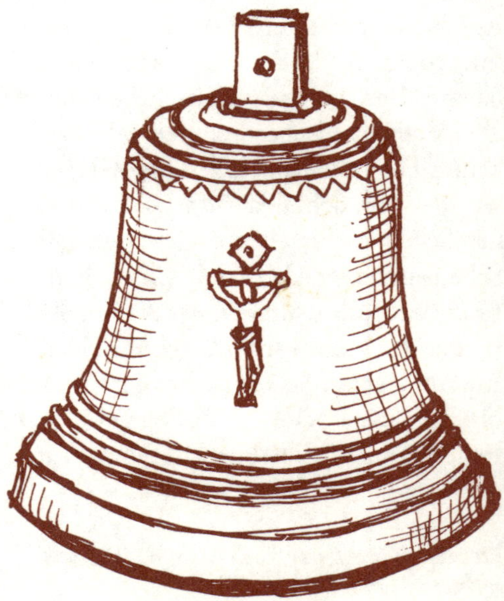

86 Pferdeglocke, *Innsbruck, Mitte 20. Jh.*

Geflügelhaltung

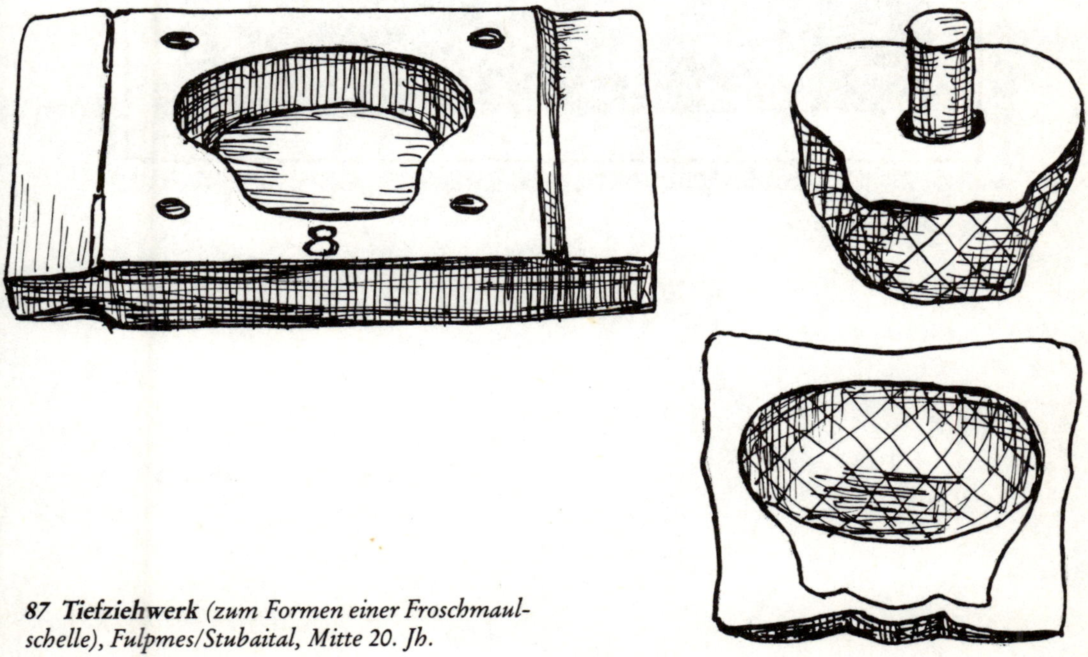

87 **Tiefziehwerk** *(zum Formen einer Froschmaulschelle), Fulpmes/Stubaital, Mitte 20. Jh.*

Schweinehaltung

***88* Flechtzaun,** *Süden Münchens (seit frühgeschichtlicher Zeit üblich)* ▷

Zäune

Der Zaun (vgl. engl. town »ummauerte Siedlung, später Stadt«) hatte früher mehrere Funktionen: Er war u. a. wichtiger Rechtsbegriff (vgl. die bereits in der Lex Bajuvariorum erwähnte Ettergerte; vgl. auch Ortsnamen Etterschlag bei Fürstenfeldbruck); er bot Schutz vor Bettlern, Dieben, Räubern und Landsknechten sowie räuberischem Getier (jedes Dorf war von einem dichten *Holzzaun* umgeben); und er diente zur Einhegung umgrenzter Weideflächen.

Alte Landkarten des 16. Jh. zeigen oft sehr anschaulich die einst in den einzelnen Landschaften üblichen Zaunformen. Als Material kam in erster Linie Fichte, Weide, Hasel und Erle in Frage. Schmeller (I, Sp. 785) erwähnt für das bayerische Oberland den *Flachtenzaun* (Flachte »Holzspelten«). Die *Speltenzäune* scheinen auf das Alpen- und Voralpenland beschränkt gewesen zu sein. Als hochentwickelte Zaunformen seien die Zäune der *Wildgehege* und die immer noch beliebten *Hanichelzäune* nicht vergessen. Bayern ist heute ausgesprochen arm an Zäunen. Soweit überhaupt Zäune vorkommen, sind es in der Regel *Stacheldraht-* oder *elektrische Weidezäune. Steinhage* und *Hecken* als Abgrenzung sind noch hie und da anzutreffen. Eine genauere Bestandsaufnahme fehlt. Die Zäune im Alpen- und Voralpengebiet sind in raschem Rückgang begriffen. Der Abbau erfolgte im Allgäu früher als in Oberbayern. Genagelte *Hürden* aus Holzlatten für Schafherden sind noch üblich. Die Schafweiden befinden sich häufig auf den Ödländern in der Nähe unserer Großstädte und auf dem Gelände von Flugplätzen.

89 **Speltenzaun,** *Schliersee, 20. Jh.; einst weit in Oberbayern, Tirol und Salzburg verbreitet (ältere Bildbelege)*

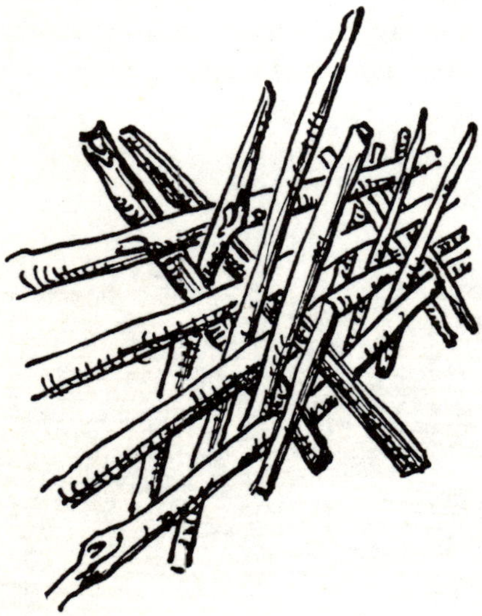

90 **Kreuzzaun,** *Südtirol, 20. Jh.; auch Oberbayern, Tirol, Salzburg, Steiermark (ältere Bildbelege)*

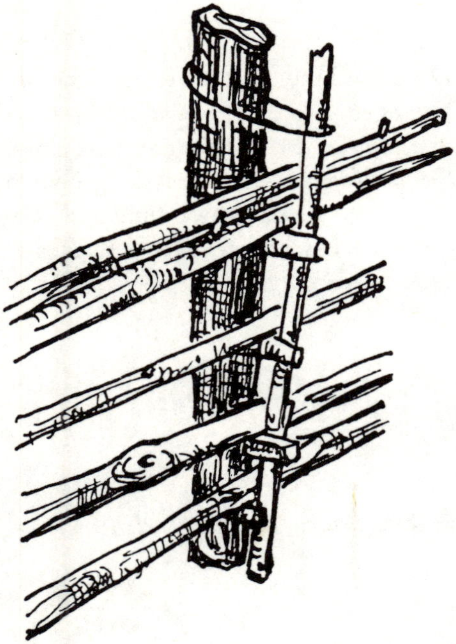

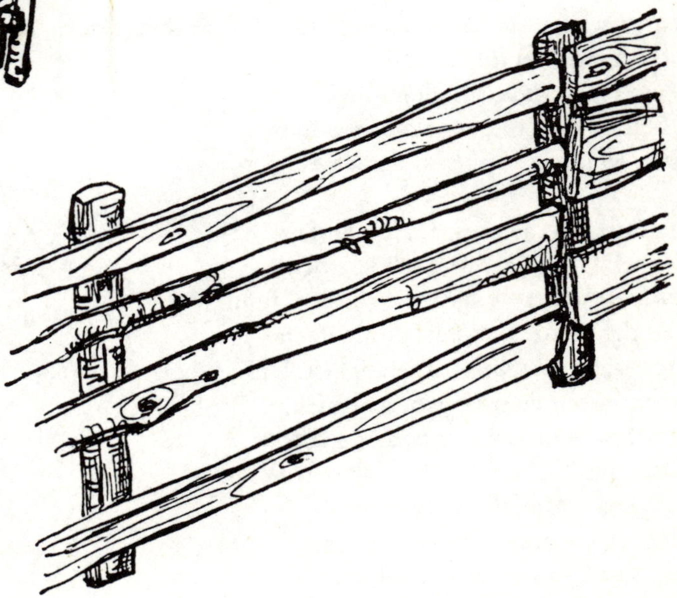

91 **Stangenzaun,** *Jenesien/Südtirol, 20. Jh.*

92 **Schwartlingzaun,** *Oberbayern, 20. Jh.*

Geräte zur Schafhaltung

Schafhaltung und Schafzucht gibt es seit alters her. Die Schäferei hatte kulturbestimmenden Einfluß nicht nur im Orient, sondern in weiten Teilen Europas. Auf das einschlägige wichtige Werk von Wolfgang Jacobeit sei in diesem Zusammenhang verwiesen. Die wichtigsten Geräte des Schäfers sind der *Ringelstecken (Hirtenstab)*, die *Schäferschippe* und die *Schafschere*. Die Schafschere hat in Europa seit der Antike im allgemeinen ihre Form bewahrt. Man vergleiche etwa eine Schafschere aus der römischen Kaiserzeit im Heimatmuseum Weißenburg i. Bay. mit einer rezenten schwäbischen im Bauernmuseum Illerbeuren oder im Heimat- und Hirtenmuseum Hersbruck. Mit den Ringelstekken hat sich besonders Leopold Schmidt, mit den Schäferschippen Heiner Heimberger befaßt.

Der Ringelstecken diente u. a. zum Einfangen einzelner Tiere, die mit der hölzernen *Salzschaufel (»Salzer«)* angelockt wurden, zum Antreiben der Herde und zum Aufstützen des Hirten während seiner Hütetätigkeit. Die Schäferschippe mit ihrer langen, schmalen, eisernen Schaufel brauchte man u. a. zum Ausbohren von Löchern für die Haltepfosten der *Schafpferche*. Und die Schafschere schließlich wurde zum Scheren der Schafe und damit zur Gewinnung der Schafwolle – eigentlicher Sinn und Zweck der Schafhaltung und Schafzucht – benutzt.

Die Schafhaltung ist in Bayern sehr zurückgegangen. Die Bergbauern haben sie so gut wie aufgegeben. Es gibt nur noch einige Großherden im Bannkreis der größeren Städte, wo sie zur Abweidung und Düngung nicht bewirtschafteter Wiesenflächen eingesetzt werden.

93 **Ringelstock** *(Fangstock), Plattensee/Ungarn*

Schafhaltung (Hirten links im Bild mit Schäferschippen)

Tierhaltung

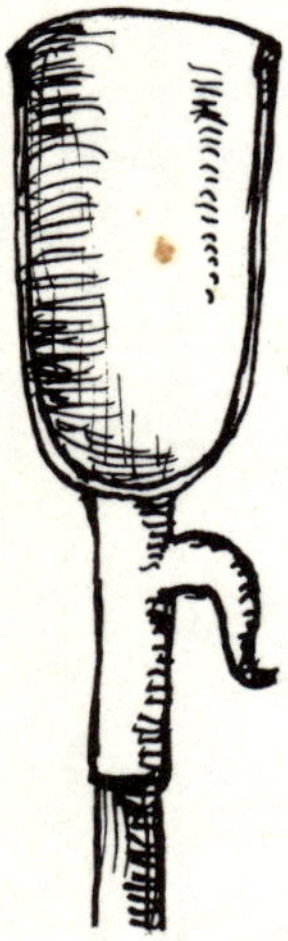

95 Schäferschippe,
Tütschengereuth/OF,
Spätrokoko

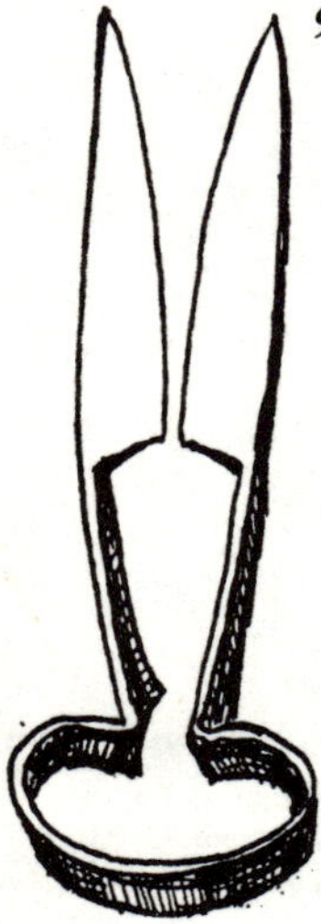

96 Schafschere

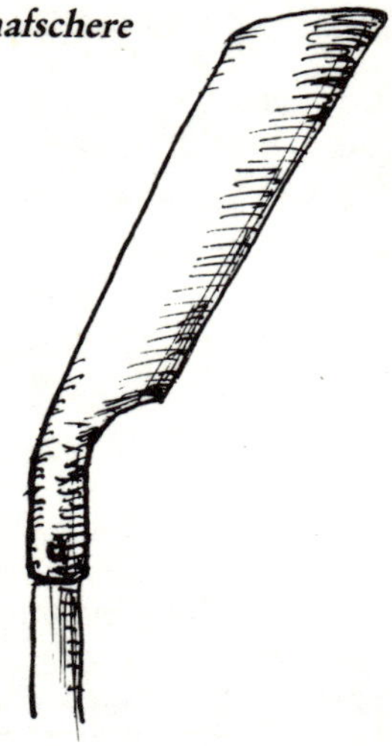

94 Schäferschippe, *um 1410*
(aus einem Gemälde)

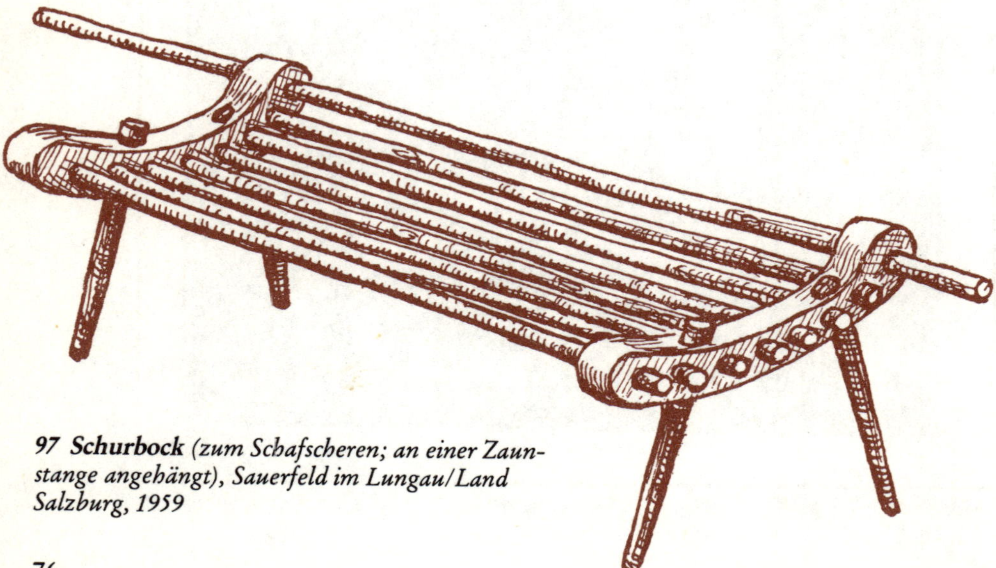

97 Schurbock *(zum Schafscheren; an einer Zaunstange angehängt), Sauerfeld im Lungau/Land Salzburg, 1959*

Schafschur (rechts im Bild Schafschere)

98 Aderlaßeisen *(mit Schatulle), Heimat- und Hirtenmuseum Hersbruck/MF*

Melken der Kühe (man beachte Sechter und Melkstühle)

Nahrungswesen

Nahrungswesen

Zum Nahrungswesen gehört als wichtige Untergruppe die Milchverarbeitung, die wiederum in die etwas umfangreiche Gruppe der Milchwirtschaft eingeordnet werden kann. Zu ihr sind dann die Weidewirtschaft, zum Teil auch die Viehzucht und das Hirtenwesen zu rechnen. Das oberbayerische Alpenland und das schwäbische Allgäu haben Anteil an den alpinen Milchwirtschaftsformen. Wie nachgewiesen wurde, tendiert das Allgäu zum ostschweizerischen Alpwesen, während Oberbayern mit der Almwirtschaft Nordtirols und Salzburgs eine Einheit bildet. Wenn Milchverarbeitung mit Weidewirtschaft, Viehzucht und Hirtenwesen zusammengefaßt ist, dann kann in diese Gruppe auch das wichtige Thema der Zäune eingereiht werden. Die Geräte der Milchwirtschaft sind somit auch unter der Sachgruppe Tierhaltung (Zäune, Schafhaltung) anzutreffen.
Darüber hinaus gehören zum Nahrungswesen u. a. das Brotbacken, das Räuchern, das Einlegen von Kraut, das Schlachten und die Vorratshaltung.

Geräte zur Butterherstellung

Die wichtigsten Geräte für die Butterherstellung sind die Butterfässer, für die Butterbereitung die Buttermodeln. Bei den Butterfässern unterscheidet man zwischen den älteren Stoß- und den jüngeren Drehbutterfässern.
Das Buttern wurde jahrhundertelang im *Stoßbutterfaß (Rührkübel, Butterkübel)* vorgenommen, einem hölzernen, mehr oder weniger hohen zylindrischen Gefäß, das uns in dieser Form bereits aus dem 9. Jh. durch eine Zeichnung des Utrechter Psalters überliefert ist. Ein Stoßbutterfaß der Spätgotik, wohl aus der 1. Hälfte des 16. Jh., verwahrt das Museum in Kempten. Schmeller notiert noch die alte Bezeichnung »Anken« für Butter und für die Tätigkeit des Butterns mit Hilfe des Stoßbutterfasses das Zeitwort »anken«. Stoßbutterfässer sind in unseren Heimatmuseen noch verhältnismäßig oft in verschiedenen Größen vertreten.
Das *tönerne Stoßbutterfaß* scheint zunächst auf den mainfränkischen Raum beschränkt gewesen zu sein. Es wird vom rheinisch-hessischen Raum herübergekommen sein.
Das hölzerne Stoßbutterfaß war in ganz Bayern verbreitet. Es wurde im Allgäu sicher mit dem frühen 19. Jh. durch das *Drehbutterfaß*, wie es in der Schweiz schon im 18. Jh. bekannt war, abgelöst. Ober- und Niederbay-

99 Stoßbutterfaß, *19. Jh., Heimatmuseum Schliersee/OB*

ern erhielten seit der Jahrhundertmitte kleinere, meist runde, aber auch quadratische, zum Teil mit schönen Messingbeschlägen verzierte Drehbutterfässer, die man auf den Tisch stellen konnte. Man vergleiche hierzu auch die Zeichnung von Lorenz Quaglio (1820/25) von der Zelleralpe am Wendelstein, abgebildet bei Paul Ernst Rattelmüller, Per Post und zu Fuß durch Oberbayern, Abb. 48.

Besondere Beachtung verdienen die *Butterstempeln* und *Buttermodeln* zum Verzieren der fertigen und geformten Butter. Im Allgäu handelt es sich vorzugsweise um *Rollmodeln,* die sich kaum von ähnlichen Marzipanmodeln unterscheiden. Modeln aus einem Stammklotz bewahren z. B. die Museen in Kempten und in Rosenheim. Diese Modeln sind alle nicht älter als 100 bis 150 Jahre. Neben Stempelformen und Rollmodeln kommt u. a. im Museum Partenkirchen auch eine kombinierte Form vor, bei der, ähnlich wie in Kärnten, der kleinere Zylinder für den Schmuck der Seiten dient. Die Ziermotive unterscheiden sich nicht von denen der Steiermark und Kärntens oder der Salzburger Gaue. Schmale, längliche Modeln sind in den Sammlungen in Traunstein und Ruhpolding zu finden.

Das Museum in Ruhpolding bewahrt einen Buttermodel vom Jahr 1793, die Peter Bergmeier als *»Woilkner«* bezeichnet (also offenbar von walken abgeleitet). Für das Leitzachtal ist die Bezeichnung *»Buttermarcher«* überliefert.

Nahrungswesen

In Oberbayern und Schwaben kommen hölzerne Buttermodeln häufig vor, während sie in Niederbayern, der Oberpfalz, Ober- und Mittelfranken offensichtlich keine große Rolle gespielt haben. Unterfranken dagegen kannte die hölzernen Buttermodeln früher in jenen Formen, wie sie aus Hessen, Baden, dem Elsaß und der Pfalz bekannt sind.
Die alpenländischen Formen sind keineswegs auf Bayern beschränkt. Die Klappmodeln, wie sie unter anderem in den Museen Ruhpolding, Bad Tölz, Berchtesgaden und Illerbeuren vorhanden sind, könnten auch import oder Störarbeit gewesen sein. Im Berchtesgadener Land wurde der fünfteilige *Butterklappmodel »Butterkastl«* genannt. Nach freundlicher Mitteilung von Architekt Zimmermann, Berchtesgaden, wurden sie von Berchtesgadener Schnitzern gefertigt. Diese Form des Klappmodels kommt auch in Bayerisch-Schwaben vor. Der Model wird durch einen hölzernen Reifen zusammengehalten. Weitere Beispiele befinden sich in den Heimatmuseen Bad Tölz, Illerbeuren und Berchtesgaden.
Hölzerne *Butterschüsseln* zum Auswaschen der Butter haben sich bei uns offenbar nicht viele erhalten.

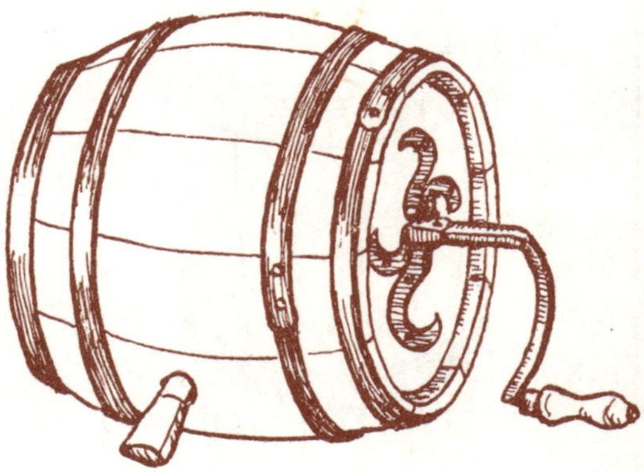

101 ***Rührbutterfaß,*** *Fulpmes/Stubaital, 1960*

100 ***Stoßbutterfaß*** *(mit Griffdaube und hölzernen Reifen), 19. Jh., Heimatmuseum Sonthofen/Schw.*

102 **Rührbutterkübel** *(mit Messingbeschlägen), Mitte 19. Jh., Heimatmuseum Wasserburg a. Inn/OB*

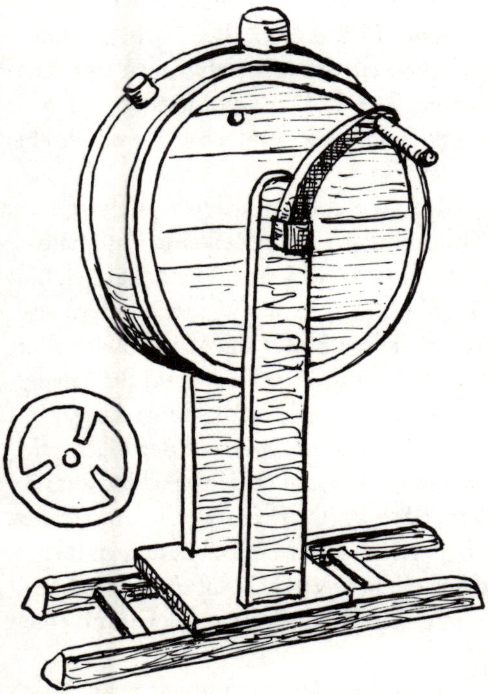

103 **Drehbutterfaß,** *Bellwald/Wallis (nach Camill Schmid)*

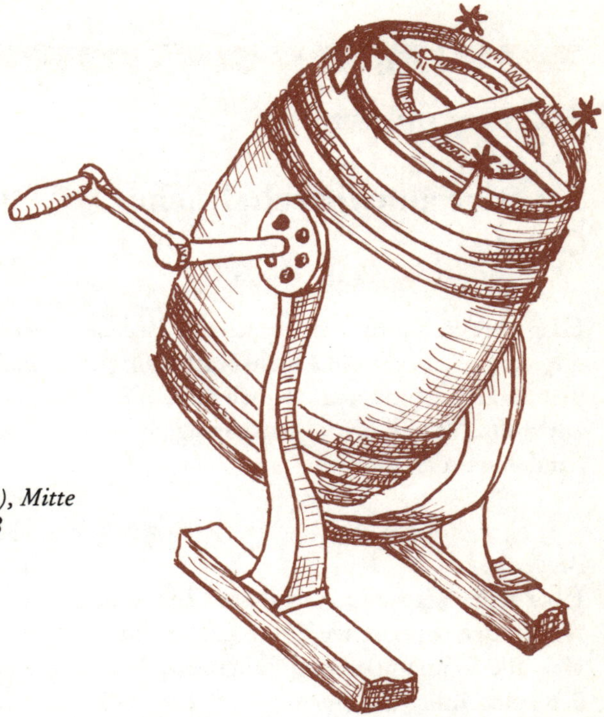

104 **Käsemilchzentrifuge,** *Bellwald/Wallis (nach Camill Schmid)*

105 **Walzenförmiger Buttermodel** *(»Butterradl«, »Butterwalze«), besonders Allgäu, 19. Jh.*

106 **Butterklappmodel** *(»Butterkastl«), österreichisch (?), 19. Jh., Heimatmuseum Ruhpolding/OB*

Sonstige almwirtschaftliche Geräte

Hier werden nur die almwirtschaftlichen Geräte vorgestellt, die der Milchverarbeitung dienten. Ausgenommen bleiben die Geräte zur Butterherstellung, die vorher eigens behandelt worden sind.

Melkstuhl
Über seine Verbreitung in älterer Zeit wissen wir für den bayerischen Raum noch nicht viel. Die Sennerinnen und Bauernmägde saßen gelegentlich auf einem *Schaff*. Ein Melkstuhl mit einer dreibeinigen Astwurzel wird im Museum in Kempten aufbewahrt. Geschnitzte, bogenförmige Sitze mit einem Fuß, wie sie in Südtirol und in der Steiermark vorkommen, sind bei uns nicht heimisch.
Der heute im Allgäu übliche einbeinige Melkstuhl mit rundem Sitz (der angeschnallt werden kann) dürfte auf Schweizer Vorbild zurückgehen. Dort sind derartige Formen bereits für das 16. Jh. belegt. Da der Senn den Melkstuhl selbst mitzubringen pflegte und gerade im Allgäu im 19. Jh. vielfach Schweizer Sennen tätig waren, ist die Angleichung an die Schweizer Formen verständlich.
Die Melkstühle gehören zu den wichtigsten Primitivmöbeln Europas. Sie hatten im übrigen in Bayern nicht die Bedeutung wie in den Alpenländern; unscheinbare kleine vierbeinige und dreibeinige *Schemel* sind allgemein bekannt. Es kann durchaus sein, daß man früher auch unter Verzicht auf einen solchen Sitz im Hocken gemolken hat.

Melkeimer (Melksechter, Kühsechter, Melkkübel, Melchschaff)
Die Bezeichnung Kühsechter ist z. B. in der Freisinger Schäfflerordnung vom Jahre 1481 belegt. Im bayerischen Oberland hatte der *Sechter* gewöhnlich eine als Griff verlängerte Taufel. Der Sechter ist kreisrund und verjüngt sich im allgemeinen zur Bodenfläche konisch. Material ist in der Regel gut gewachsenes Fichtenholz. Die Form ist ohne Zweifel bereits im Mittelalter weit verbreitet gewesen. Der Sechter gehört seiner Form nach zu dem inner- und westschweizerischen *Melkter.*
Im Allgäu wie auch im Kleinen Walsertal und in Graubünden ist ein Melkeimer mit halbkreisförmigem hölzernen Henkel üblich (aus Fichtenholztaufeln mit Weidenbändern gebunden). Diese Eimer sind durch Darstellungen auf spätgotischen Tafel- und Buchmalereien belegt. Wichtig ist die Bemerkung Schmellers, daß im Oberland der Melksechter einen Griff besaß im Unterschied zum *Schaff*, das zwei Griffe aufweist. Umgekehrt im Unterland: Dort bezeichnete man mit Sechter ein hölzernes Gefäß mit zwei Griffen, mit Schaff dagegen ein solches mit einem Griff.
Im Landgericht Rosenheim wurde die Milch aus dem Sechter zunächst einmal in ein Schaff (mit zwei Griffen) umgeschüttet.

Almwirtschaft (es sind mehrere almwirtschaftliche Geräte abgebildet)

107 **Rahmkelle,** *19. Jh., Heimatmuseum Oberstdorf/Schw.*

108 **Rahmkelle,** *19. Jh., Heimatmuseum Sonthofen/Schw.*

109 **Rahmmesser,** *um 1800, Heimatmuseum Ruhpolding/OB*

110 **Rahmmesser,** *vermutlich Viechtau/Oberösterreich, datiert 1813*

107

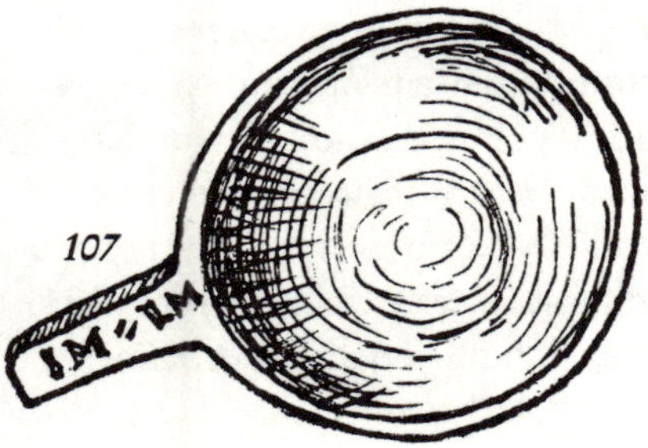

108

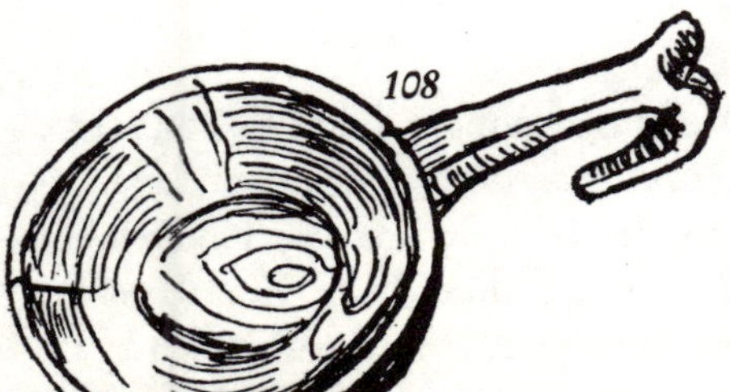

109

110

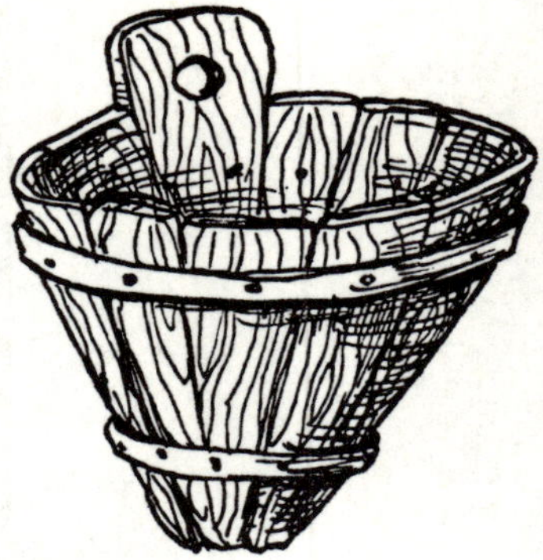

***113* Seihtrichter,** *Trautenfels/Steiermark (nach Karl Haiding)*

***111* Seihlöffel,** *Heimat- und Hirtenmuseum Hersbruck/MF*

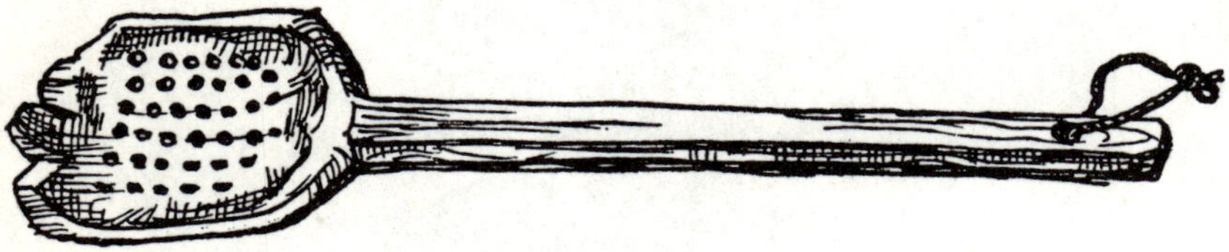

Seihtrichter

Ähnlich wie der oberbayerische Sechter hatte auch der hölzerne Seihtrichter nur einen Griff. Er ist für die Schweiz ebenso gut belegt wie für das Allgäu. Er diente zum Umgießen der Milch in die Tragbutten oder in den Käskessel. Der Seihtrichter wurde dabei in einen *dreieckigen Rahmen* gesteckt (Beispiele in Kempten und Oberstdorf).

Stotzen und Weitling

Zur Rahmgewinnung goß man die Milch in große flache Holzgefäße, die *Stotzen (Milchstötzl)*. Die Milch für den täglichen Bedarf kam in kleinere derartige Stotzen. Dem gleichen Zweck dienten konische tönerne Gefäße, die *Weitlinge* mit gelber oder rötlicher Glasur. Es kann kein Zweifel darüber bestehen, daß das Tongeschirr in allen Fällen eine jüngere Kulturschicht vertritt und in jedem Fall hölzerne Stotzen als Vorgänger anzunehmen sind. In diesem Zusammenhang ist ein Zitat für den oberen Lungau vom Königslehen nach einem Fahrnisverzeichnis vom Jahr 1774 von Interesse, in dem für die Alm 72 Milchstötz aufgeführt werden, 1939 seien dort jedoch nur noch 10 vorhanden gewesen, die überdies nur noch für das Viehsalz verwendet wurden.

Milchleiter

Die Weitlinge konnten mit Hilfe von schwachen *Fichtenholzbrettchen* übereinandergestellt werden oder sie fanden in einem hölzernen *Rehmgestell* ihren Platz. Zum Übereinanderstellen diente auch die Milchleiter. Im Salzburgischen wird sie auch *Milchkreuz* oder einfach *Kreuz* genannt. Sie wird auch

112 *Kaskar, 2. Hälfte 19. Jh., Heimatmuseum Oberstdorf/Schw.*

114 ***Schottenwiege,*** *19. Jh., Heimatmuseum Schliersee/OB (im Lungau/Land Salzburg heute noch gelegentlich in Gebrauch)*

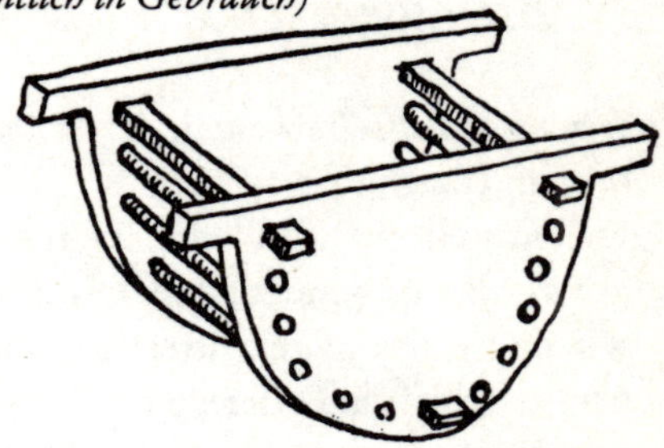

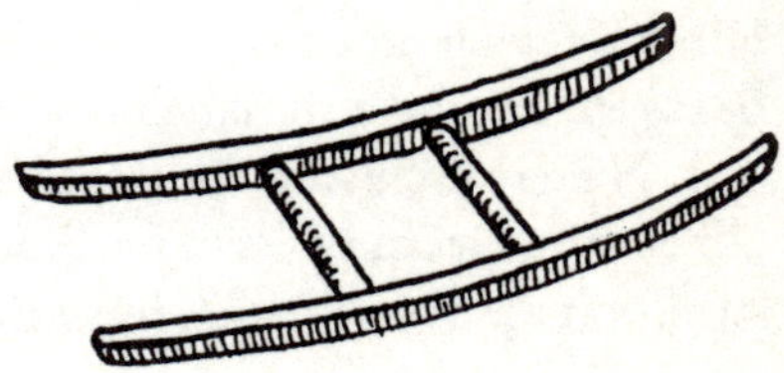

115 ***Milchleiter,*** *um Rosenheim/OB, 19. Jh.*

zum Übereinanderstellen anderer Gefäße verwendet, so z. B. heute noch im Pongau. Ihre Darstellung auf einem bäuerlichen Liebesbrief des 19. Jh. hat Fiala veröffentlicht. In bayerischen Museen ist sie, wie es aussieht, nicht nachzuweisen. Im bäuerlichen Besitz muß sie für Bayern noch erfragt werden.

Rahmkelle und Rahmmesser (Rahmzweck)
Zum Abschöpfen des Rahms diente die flache hölzerne *Rahmkelle (Abrahmkelle)* oder das hölzerne *Rahmmesser (Rahmzweck)*, das in Bayern kaum verziert ist. Eine Ausnahme macht ein hölzernes, reichgeschnitzes Messer im Museum in Kaufbeuren. Diese Rahmmesser konnten aus Fichten-, Zirbel-, Ahornholz und dgl. sein. Der *»Rahmspan«* wird in der Ruhpoldinger Gegend als ½ m langes Holz aus feinem Ahorn beschrieben. Der Griff weist im 19. Jh. figürlichen Schmuck auf, die Jahreszahl ist in Laubsägearbeit ausgeführt. So bewahrt das Museum in Ruhpolding beispielsweise ein schönes Stück vom Jahre 1846 auf. Ein Gegenstück aus der gleichen Zeit befindet sich im Heimatmuseum in Traunstein. Durchlöchert diente das hölzerne Messer als *Käsemesser* zum Abschöpfen des Ziegers aus dem Molken (ein sehr schönes Beispiel im Museum Ruhpolding).
Der Rahm konnte vorübergehend in einem *Rahmtegel* aufbewahrt werden, bis eine genügende Menge zum Buttern vorhanden war.

Käsekessel
Zur Käsebereitung diente seit jeher der große kupferne Kessel, der an einem drehbaren Galgen über das Feuer gehängt wurde *(Kes-*

selreiden, Kesselreiben; in der Schweiz *Turner,* im Lungau *Kesselrait).*
Die Kesselform, eine reine Zweckform, ist fast zeitlos zu nennen, zum mindesten dürfen wir sie für das späte Mittelalter, aus dem wir bereits schriftliche Belege für das Vorhandensein dieser Kessel besitzen, annehmen. Diese Kessel wurden wohl von den Keßlern bezogen, sie sind also reine Handwerksarbeit. Nähere archivalische Untersuchungen fehlen für Bayern vollständig. Auch die Konstruktion der Kesselreiben ist mittelalterlich.

Käserührer

Richard Weiss hat als Primitivform für den Käserührer *Fichtenbäumchen* nachgewiesen. Die Museen in Oberstdorf und Weiler bei Lindau besitzen einen Käserührer, der nur aus einer entrindeten *Holzstange* besteht, die an ihrem unteren Ende quirlförmig eingesetzte Weidenruten trägt. In den Museen in Kempten und Weiler befinden sich aus dem 19. Jh. als *Käsebrecher* sogenannte *Käseharfen,* Holzstangen mit vier Drahtsaiten.

Kashafen

Die irdenen Kashäfen, die zur Aufnahme des Käsewassers (Jutte, Molken) dienten, weisen eine Form auf, die bereits für das ausgehende Mittelalter belegt ist. Für das Oberland dürfen wir auch annehmen, daß es sich um Chiemgauer *Hafnerware* handelt. Es ist ein dringendes Anliegen der bayerischen Volkskunstforschung, daß die bayerische Hafnerware einmal systematisch bearbeitet würde. Es darf dabei erinnert werden, daß für die Größe und die Form der Gefäße zunftmäßige Vorschriften bestanden, z. B. in der Kröninger Hafnerordnung vom 17. 4. 1428: *»Item es soll auch ein jeder Maister unter uns die Gestalt und Form würchen, als von Alter unter uns Herkommen ist«* oder *»Item welcher Meister unter uns das Maß, das zu den Häfen gehört zu rechter Zeit unter uns alle Monat nicht wollte umtragen«.*
Im übrigen dienten zum Aufbewahren des Molkens hölzerne *Tröge,* die aus dem Baumstamm wie die Brunnentröge herausgearbeitet wurden, oder auch meterhohe *Holzschaffe.*

Käseform und Käsepresse

Als *Käseformen* dienten hölzerne *Reifen* (Beispiele in den Museen in Kempten, Sonthofen und Oberstdorf) oder rechteckige *Holzrahmen.* Die erhaltenen Beispiele sind mehr oder weniger alle sehr jung (nach 1860). Für Ziegenkäse gab es kleinere napfförmige *Holzformen* (Beispiel im Museum Oberstdorf).

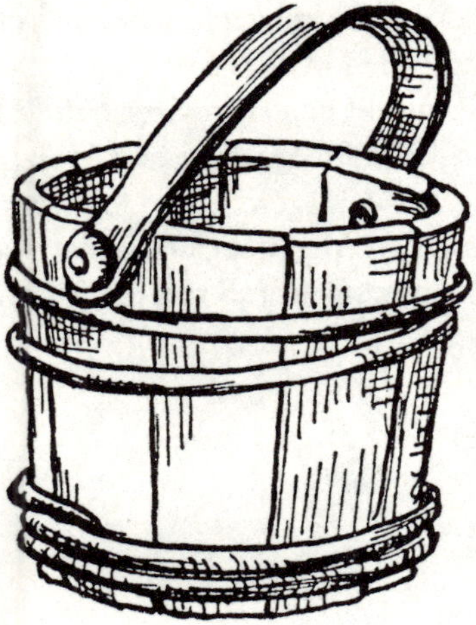

116 **Melkeimer,** *Heimatmuseum Immenstadt/Schw.*

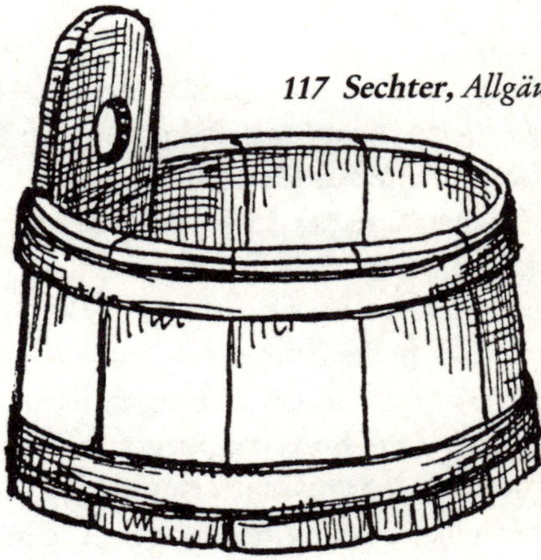

117 **Sechter,** *Allgäu/Schw.*

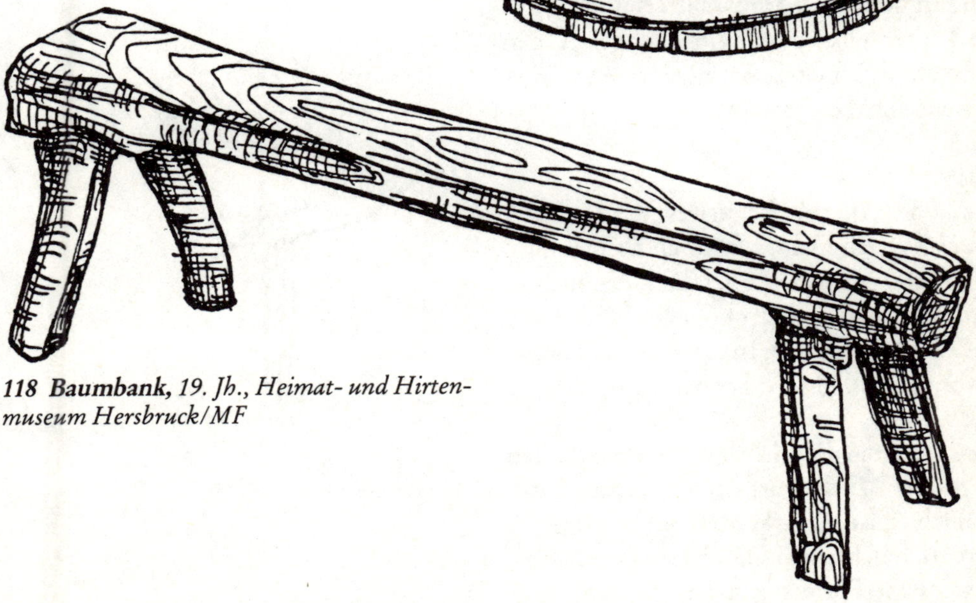

118 **Baumbank,** *19. Jh., Heimat- und Hirtenmuseum Hersbruck/MF*

Nahrungswesen

Die *Käsepressen* des Allgäus könnten auf Schweizer Anregung zurückgehen. Kleine Hauskäsepressen und größere Pressen werden in den Museen von Kempten, Sonthofen und Oberstdorf gezeigt.

Topfenseiher

Der hölzerne Topfenseiher (in Kärnten: *Kasleiter, Schottleiter, Schottwiege;* im Lungau: *Schott-Zaan)* diente zur Herstellung des Topfens (Zieger, Quark). Er scheint ein ausgesprochen bajuwarisches Gerät zu sein, wenn diese Ausdrucksweise erlaubt ist. Im Allgäu wie auch in der Schweiz ist er nicht bekannt. Die Form erinnert an burgundische Kinderwiegen: Zwei hölzerne Stirnbretter sind mit hölzernen Sprossen verbunden. In den Topfenseiher wurde ein *Tuch* gelegt. Das Museum in Schliersee hat noch einen solchen Topfenseiher bewahrt.

Kaskar

Von hoher Altertümlichkeit ist das Kaskar *(Kaschker)*, ein kleines, konisch nach unten verjüngtes, griffloses Holzschaff, das auch mit Löchern zum Abtropfen des Molkens versehen sein konnte. In einer Imster Urkunde vom Jahre 1484 wird er bereits erwähnt.

Damit dürften die wichtigsten Gerätschaften, die bei der Milchverarbeitung (Butter, Buttermilch, Käse, Quark, Molken) benötigt wurden, beschrieben sein. Es sind aber keineswegs alle Formen genannt. Jedes der hier aufgeführten Geräte könnte in einer kleinen Monographie bearbeitet werden, wenn man großräumige und vergleichende Betrachtungen anstellen wollte.
In der modernen Almwirtschaft (Alpwirtschaft) sind Holzgefäße und Holzgeräte weitgehend ausgeschaltet. Am längsten haben sich im Allgäu die hölzernen *Gebsen* (Stotzen) zum Abrahmen der Milch erhalten.

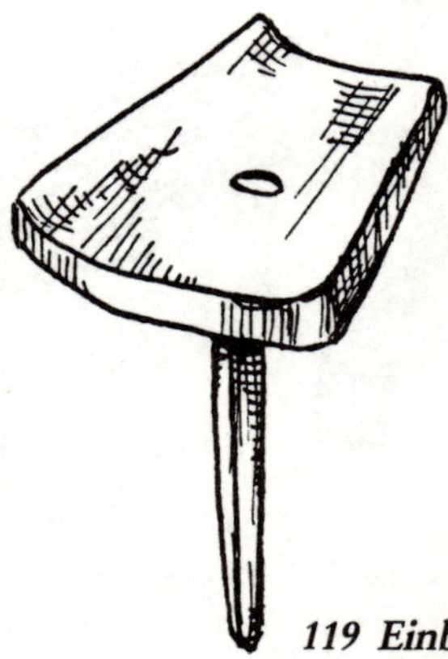

119 Einbeiniger Melkstuhl

121 Dreibeiniger Melkstuhl, *Lungau/Land Salzburg, 19. Jh.*

120 Dreibeiniger Melkstuhl *aus Wurzelholz, Heimatmuseum Kempten/Schw.*

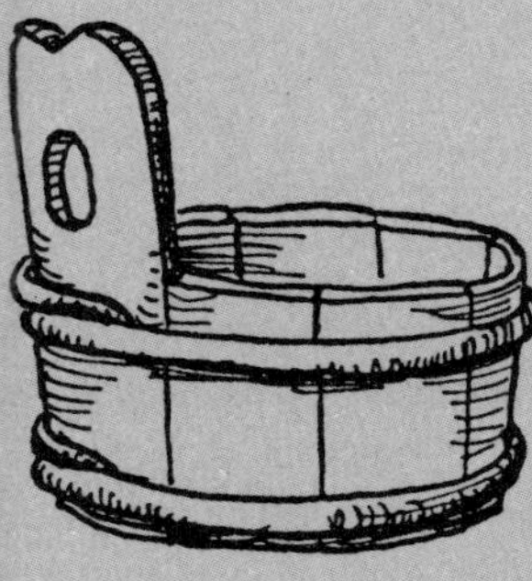

123 Sechter, *Allgäu/Schw., 19. Jh.*

122 Milchstotzen, *Allgäu/Schw., 19. Jh.*

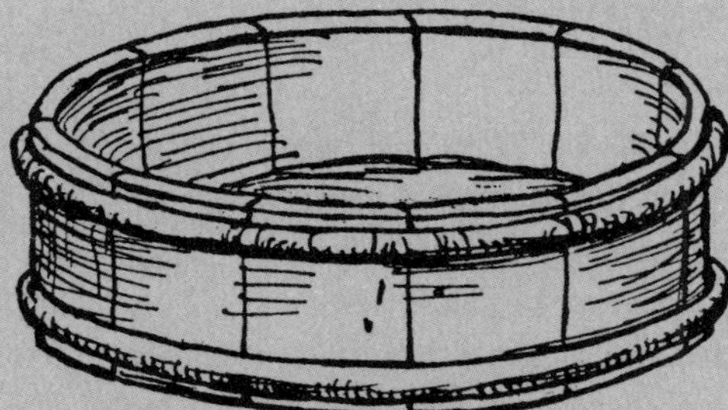

Getreidebeförderung zur Mühle auf Lasttieren

Geräte zur Nahrungsbereitung

Die Geräte zur Nahrungsbereitung werden hier zwar der Vollständigkeit halber aufgeführt; sie können wegen ihrer Mannigfaltigkeit und ihrer Vielzahl jedoch nur kurz umrissen werden. Im wesentlichen handelt es sich bei diesen Geräten um solche, die die Ernteprodukte so aufbereiten, daß sie kochfertig für die Küche zur weiteren Verarbeitung bereitstehen. Die Küchengeräte selbst werden weder hier noch unter der Sachgruppe Hauswesen behandelt, weil sie von Gertrud Benker in eigenen Monographien und in Gesamtübersichten bereits vorzüglich bearbeitet worden sind.

Besonders erwähnt seien an dieser Stelle lediglich die *Lohstampfen, Knochenstampfen, Gerstenstampfen* und *Ölmühlen,* die es in Bayern so gut wie anderwärts gab, doch hat man ihnen leider viel zu spät Aufmerksamkeit geschenkt. Nur wenige Museen, wie z. B. Bogenberg und Illerbeuren, haben rechtzeitig hier eingesammelt.

125 Kartoffelquetsche, *Mittelfranken, Heimat- und Hirtenmuseum Hersbruck/MF*

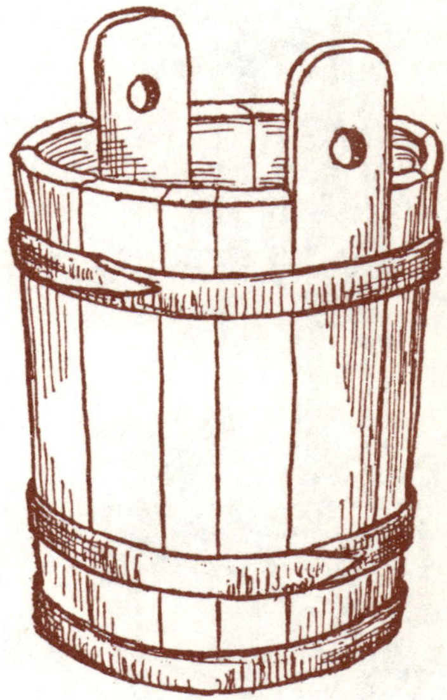

Da das Stampfen im weiteren Sinn eng mit dem Mühlenwesen verbunden war, sollte hier auf die *Mühlen* und ihre Geräte zumindest hingewiesen werden. Ältere Mühlenvorrichtungen zum Mahlen der Ernteprodukte aus dem 18. Jh. sind uns leider nicht mehr erhalten.
Besonders interessant sind die verschiedenen *Breinstampfen* Niederbayerns (Brein = Hirse). Hierzu gehören auch die *Tabakreiben* des Bayerischen Waldes, die *Kartoffelquetschen* und verschiedene *Handmühlen* zum Zerkleinern von Körnerfutter.

124 Brenten, *Niederbayern, 19. Jh.*

126 **Breinstampfe** *(auch in Form einer Tretanke vorkommend; vgl. Heimatmuseum Bogenberg/NB), Niederbayern, 19. Jh.*

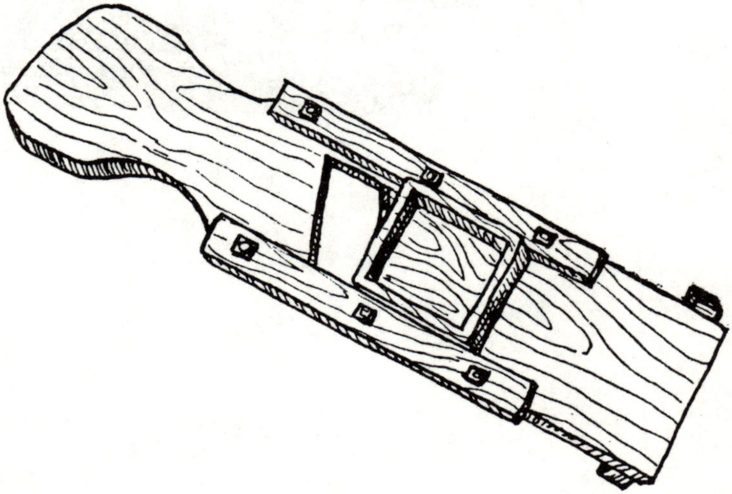

127 **Krauthobel,** *2. Hälfte 19. Jh., Heimatmuseum Pfarrkirchen/NB*

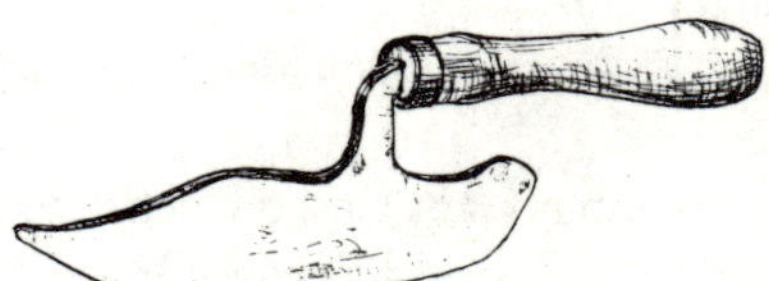

128 **Nudelmesser** *(möglicherweise von einem Gerät zum Lederschneiden abgeleitet), Südwesten Münchens, um 1800, Privatsammlung Margarete Hein, München*

***129* Krautschneider,** *Oberpfalz, Oberpfälzisches Bauernmuseum, Perschen/OPf.*

Mostgewinnung (Holzgefäße: Butte, Bottich, Zuber, Brenten und Faß)

Geräte zum Brotbacken

Hermann Wopfner schildert in seinem »Bergbauernbuch« den Vorgang des Backens und die Verwendung der einzelnen Geräte auf einem Villgrater Bergbauernhof:

Zum Hartbrot wird Roggenmehl oder eine Mischung von Roggen- und Haber-, allenfalls auch von Gerstenmehl verwendet. Damit das Mehl mehr ausgebe, wird schöner Roggen ohne Beutel vermahlen; Haber wird mit Beuteln vermahlen, welche die langen Spelzen [nicht] *durchlassen. Zwei Tage vor dem Backtag wird Mehl in den »Mitten« (Backtrog) gegeben, mit Wasser angegossen und stehen gelassen, damit die Masse sauer werde. Am Vorabend des Backtages wird dieser Sauerteig mit Mehl eingerührt und auf die Masse ein Kreuz oder werden drei Kreuze eingezeichnet; sie sollen nicht gleich verschwinden, sonst wäre der Teig zu weich. Diesen läßt man über Nacht stehen, damit er aufgehe. Das ist der »Höfel«, zu dem man dann so viel Mehl gibt und damit verrührt, daß die ganze Masse etwa das Fünffache des Höfels darstellt. Dieser Teig wird in Laibe geformt und auf die »Bachfleckn« (Backbretter) gelegt – im Sommer in der Küche, im Winter in der Stube – damit er gleichmäßige Wärme hat. Die Laibe werden mit der hölzernen »Schißla« (Brotschieße) in den Backofen eingelegt. Die Laibe, die aus dem Backofen kommen, haben einen Durchmesser von 18 bis 20 Zentimeter, sind etwa drei Zentimeter hoch und von braun-schwärzlicher Farbe. Wenn man mit dem eigentlichen Backen fertig ist, wird ein Rest des gesäuerten Teiges, der noch im »Mitten« sich befindet, mit gröber vermahlenem Mehl von Roggen, Haber oder Gerste oder mit Mischungen dieser Mehle verknetet und daraus dünnere und kleinere, zwiebackartige Laibchen von hellerer Färbung, die sogenannten »Fogatze« oder »Fogatzlen« gebacken. Dieses Brot wird, weil von schlechterer Beschaffenheit, weniger gerne gegessen und reicht daher länger.*

Wie das Brotbacken auf einem größeren Bauernhof im Pustertal vor sich ging, erzählt Paul Tschurtschenthaler in seinem »Bauernleben im Pustertal«:

Das Mehl wird angegossen und mit Höfl (Sauerteig, der in einem »Bachkübel von einem Backen auf das nächste aufbehalten wird) gesäuert. So bleibt der Teig im »Bachzuber« einige Zeit zugedeckt beim Ofen stehen, bis er gehörig aufgeht. Dann nehmen die Mägde . . . die »Brotladen« (Brotbretter) her, legen sie der Reihe nach hin und legen ein »Leilach« (Leintuch) darauf. Auf dieses »Leilach« kommen nun die Teigformen. Inzwischen wurde der Backofen, der einzeln vor dem Hofe steht, mit Bachscheitern tüchtig geheizt, dann geräumt und nun kommen die Mägde mit ihren Brotladen und setzen sie vor dem Ofen ab. Die »Kuchelin« nimmt die Ofenschaufel und schiebt damit die einzelnen

130 **Brotschießer** *(»Schießl«), u. a. Deutsches Brotmuseum, Ulm*

131 **Ofenkrucke**

132 **Brotkorb** *(Stroharbeit), in vielen Heimatmuseen vorhanden*

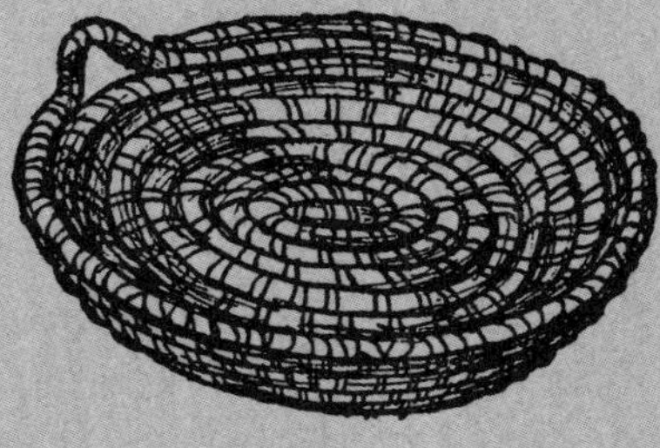

133 **Holzschaff für Sauerteig** *(»Dampfl«), Lungau/Land Salzburg, 2. Hälfte 19. Jh.*

135 **Teigschaber,** *Kärnten (nach Oskar Moro)*

134 **Brotstempel**

136 **Teigtrog,** *Franken, datiert 1795, Deutsches Brotmuseum, Ulm*

Brotbacken (Geräte: Schießer, Teigkörbchen, Teigpinsel, Brottisch)

Brotformen in den Ofen. Ein solches Brot hat die Form einer Scheibe von 20 bis 25 Zentimeter Durchmesser und 4 Zentimeter Dicke, ist sehr schmackhaft und leichter verdaulich als Germbrot.

Eine Schilderung aus Rodeneck zeigt uns, in welcher Weise sich die weiblichen Arbeitskräfte in die Arbeit des Brotbackens teilten:

Die Dirn tut den »Mitten« (Backtrog) in die Stube, einen Weihbrunn drein und rührt einen roggenen Teig an, nach vier Tagen wird gehöfelt (»Höfel« = Sauerteig), dann der rechte Teig gemacht; ist er fertig, macht man drei Kreuze. Im Backofen wird Feuer gemacht, ein Stuck Palmbesen (von dem am Palmsonntag geweihten »Palm«) zuerst hinein, dann kann's losgehen. Die Dirn muß Mittenrührn, die Gitschen (zweite Magd) Ofenkehren, die Bäurin Brotschießen (»einschießen« = hineinschieben des zu Laiben geformten Teiges in den Ofen). Bei einem größeren Bauern werden in einmal zirka 2000 Brote gebacken. Es wird im Jahr nur zweimal gebacken.

Gertrud Benker hat über das Brotbacken im Isarwinkel eine Bilddokumentation zusammengestellt.

Für Bayern liegen noch keine näheren Untersuchungsergebnisse vor, in welchem Umfang das häusliche und dörfliche Brotbacken im 19. Jh. zugunsten des Brotbezugs aus der Stadt aufgegeben wurde. Für das Dorf Reußendorf gibt bereits die »Bavaria« den Hinweis, daß das Brot aus Fulda bezogen wurde. Auf der anderen Seite wird heute noch in Fladungen in der Rhön das Brot im Gemeindebackofen gebacken. Karl Theodor von Dalberg versuchte die Einzelbacköfen zugunsten der Gemeindebacköfen abzuschaffen (um 1810). Im Einödgebiet war der hofzugehörige Backofen (außerhalb des Wohnhauses) mit Sicherheit seit dem 16. Jh. bekannt. Die Oberpfalz zeigt bei den hofzugehörigen Backöfen einen Wechsel zwischen freistehenden Backöfen und wohnhausgebundenen Backöfen. Im östlichen Mittelfranken und im benachbarten Oberfranken ist der freistehende Backofen die Regel. Karl von Leoprechting bedauert um 1855, daß bei den Höfen in der Landsberger Gegend »neuerdings« ein Backofen die Hofstatt verunziert. Diese Neuerung geschah ohne Zweifel durch Bauverwaltung und Feuerpolizei. Da in der 1. Hälfte des 19. Jh. die Bauverwaltung unter entschieden fränkischem Einfluß stand, ist es nicht unwahrscheinlich, daß die mittel- und oberfränkische Verwaltung auch hier das Vorbild abgegeben hat.

Das Brotbacken ist hinsichtlich seiner Geräte (mit Ausnahme der Brotkorbformen) und seiner Arbeitsvorgänge im wesentlichen in allen Landesteilen Bayerns gleich. Besonders erwähnenswert ist das *Dampfl,* ein Holzschaff zum Aufbewahren des Sauerteigs, das auch in Berchtesgaden noch um die Mitte des 19. Jh. hergestellt wurde. Es ist auch für die Schweiz belegt.

Die Frage, ob in einem Dorf das Brot beim Bäcker (auch bei auswärtigen Bäckern) gekauft, ob es im Gemeindebackofen unter Beachtung eines bestimmten Turnus gebacken (Fladungen) oder ob es in einem Backofen hergestellt wird, der auf dem Hof steht (Bayerischer Wald, Oberpfalz, Mittelfranken, Oberfranken), gehört ebenso zur Geräte- wie zur Hausforschung.

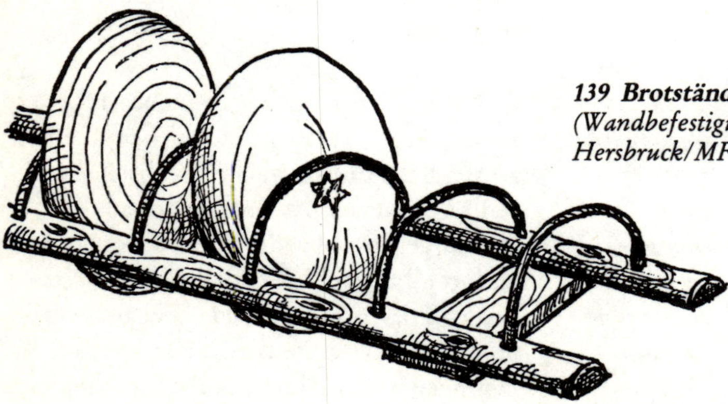

139 ***Brotständer*** *(»Schragen«) mit* ***Brotkörben*** *(Wandbefestigung), Heimat- und Hirtenmuseum Hersbruck/MF*

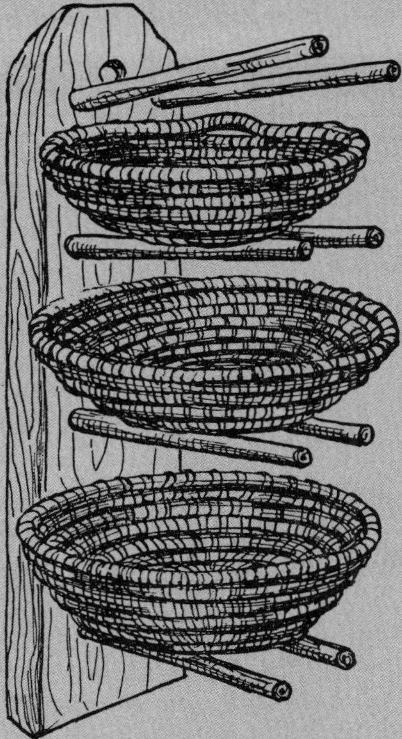

137 Brotrehm, *Oberpfalz, Salzburg, Tirol*

138 Brotständer *(Deckenbefestigung), Mittelfranken, Heimat- und Hirtenmuseum Hersbruck/MF*

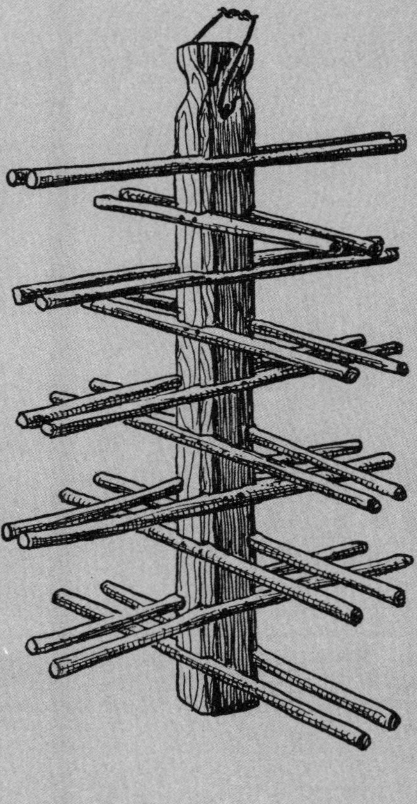

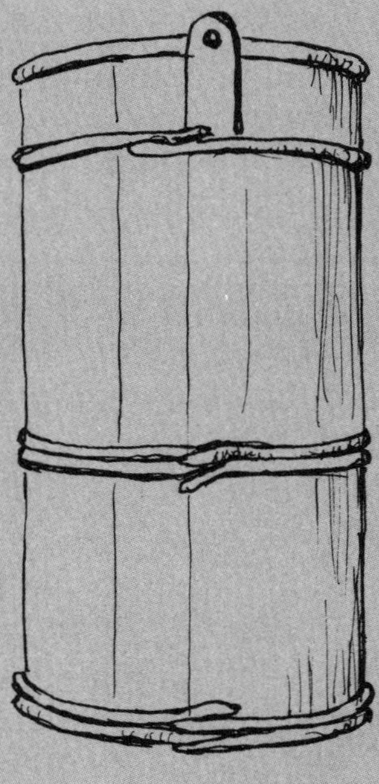

140 Mehlbrenten *(zum Aufbewahren des Mehls im Speicher), Bellwald/Wallis (nach Camill Schmid)*

Ernten, Aufmandln, Trocknen, Riffeln, Brechen und Hecheln des Flachses

Textilwesen

Textilwesen

Unter der Sachgruppe Textilwesen werden hier in Auswahl Geräte zur Flachsbearbeitung, Geräte zum Spinnen und Weben und Geräte zur Wäschepflege vorgestellt.

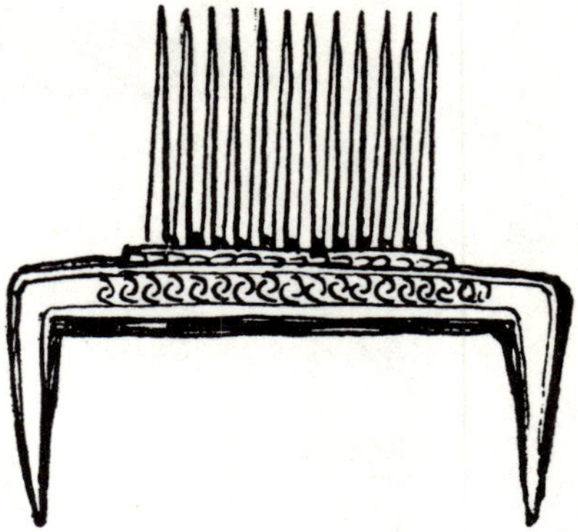

141 Flachsriffel, *Niederbayern, Heimatmuseum Pfarrkirchen/NB*

Geräte zur Flachsbearbeitung

Um die Mitte des 19. Jh. war der Flachsanbau in Bayern noch ziemlich allgemein verbreitet, wenn auch Gebiete wie das Bamberger Umland, die Gegend um Kelheim und Landshut und der unmittelbare Voralpenraum schon nur noch Reste des Flachsanbaus kannten. Dagegen gab es Schwerpunkte im mittleren Schwaben, im Bayerischen Wald, in Oberfranken (besonders in den jetzigen Landkreisen Hof und Wunsiedel) und in der Rhön (Landkreis Bad Neustadt a. d. Saale). Der Schwerpunkt der Leinwandproduktion lag hier an sich weiter nördlich in dem heute hessischen (bis 1866 zu Bayern gehörigen) Gebiet um Gersfeld mit Poppenhausen, Weyhers, Thalau, Schmalnau, Batten, Eggweißbach, Lahrbach, Dietershausen, Diperz, Reulbach, Melperts und Seiferts. Die dortigen Leinwandhändler vertrieben die Ware in Würzburg, Aschaffenburg, Bamberg, Erlangen, Nürnberg, Hanau, Frankfurt, Kassel und Leipzig. Als Quelle für den Flachsbau in der Rhön ist eine Schrift des Pfarrers Franz Anton Jäger aus Simmershausen (Fulda) vom Jahre 1803 zu nennen mit dem Titel »Briefe

***142/143/144* Flachsriffeln,** *Oberpfalz, Museum für Deutsche Volkskunde, Berlin* ▷

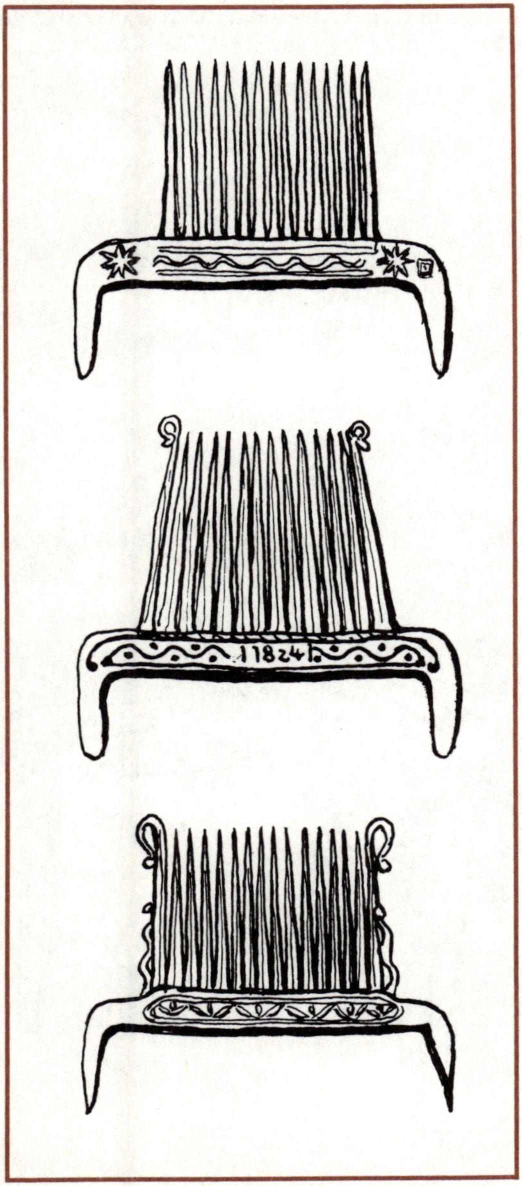

über die hohe Rhön Frankens in geographischer, topographischer, physischer und historischer Hinsicht«. Neben seine Schilderung von Anbau, Ernte und Verarbeitung des Flachses darf jene ausführliche Darstellung des Böhmerwälder Lehrers Josef Blau gestellt werden, die er im dritten Buch seiner »Böhmerwälder Hausindustrie und Volkskunst« bringt. Seine Darstellung gilt von der Sache her betrachtet ebenso für den Bayerwald (für diesen wäre auf Max Lidl zu verweisen) wie das österreichische Mühlviertel, wenn man die Verhältnisse um die Mitte des 19. Jh. im Auge behält. Was Blau über den Anbau des Flachses zusammengetragen hat, kann heute im Gelände schon nicht mehr nachgeprüft werden. Damit ist auch viel Brauchtum, das sich um die Arbeitsvorgänge bei der Flachsbearbeitung rankte, der Geschichte anheimgefallen.

Hierher gehört auch das Thema der Leinölgewinnung mit den zum Teil altertümlichen *Leinölpressen* und den *Leinölgefäßen* aus Holz (im Mühlviertel *Ölzeften* genannt).

Nach Josef Blau unterschied man bei der Brecharbeit zwei Arbeitsvorgänge und Geräte *(Brechen)*: Das Grobbrechen oder Vorbrechen geschah mit einer alten Breche, die nicht mehr so fein arbeitete und nur die gröbsten Agen (tirol. age, ahd. agana, got. ahan »Ogen, die harten, die Faser umhüllenden Stengel«) entfernte. Diese Tätigkeit hieß das Rollen. Er gibt dabei an, daß in Bayern – gemeint ist damit das angrenzende Bayerwaldgebiet – hie und da große Brechen für das

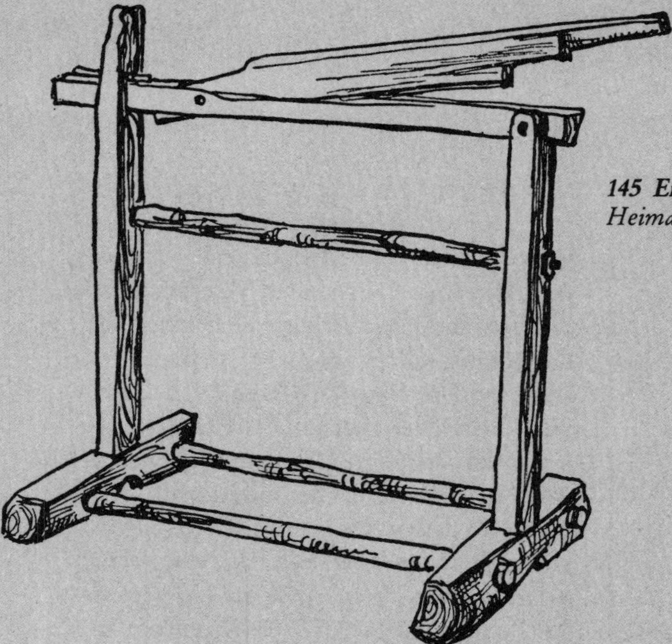

145 Einfugige Flachsbreche, *Mittelfranken, 19. Jh., Heimat- und Hirtenmuseum Hersbruck/MF*

146 Zweifugige Flachsbreche, *Niederbayern, datiert 1882*

Rollen in Verwendung waren, die nur eine einzige Einkerbung und nur ein Schwert haben im Gegensatz zu der Böhmerwälder Breche, *Rolle* genannt, die zwei Öffnungen hat und gewöhnlich von einem Manne bedient wurde, während das Feinbrechen von den Sauberbrecherinnen (1679 wird eine solche Rollerin im Inventar der Schrollmühle bei Haag, Lkr. Regensburg aufgeführt) vollzogen wurde. Als Beleg für die Bezeichnung Rolle zitiert er ein Inventar des Bauern Utz auf dem Panzer bei Eisenstein aus dem Jahre 1763, in dem drei Rollen und zwei Flachsbrechen auf 24 Kreuzer geschätzt waren. Der besondere Wert der Schilderung liegt darin, daß die Arbeitsvorgänge, nicht nur die Geräte, genau beschrieben werden, wobei auch alte Maßbezeichnungen sorgfältig registriert sind, so z. B.:

Zwei Hände voll sauberen Flachses [das ist Flachs nach dem Feinbrechen] *machen einen Boußn* [ahd. pozo, harapizo »Flachsgarbe«], *dreißig solche Boußn ein Schejd. Das Schejdmaß ist im ganzen Bezirk wie im angrenzenden Bayern jetzt allgemein gebräuchlich. Auch in einem alten Neuerner Nachlaßverzeichnis wird der Flachs in »Scheiden« gezählt. Doch gibt es noch ein anderes Flachsmaß, das ist der Schilling. Auf einen Schilling (Schüllän) sind gleichfalls dreißig Boußn zu nehmen, wie schon der Name sagt; aber diese Boußn müssen dann jeder d r e i Hände voll Flachs enthalten. Den Schilling erklärte man mir überall, wo ich anfragte, für eine ä l t e r e Bezeichnung. Noch vor vierzig Jahren* [vor 1877] *soll der Flachs noch vereinzelt nach Schillingen gezählt worden sein, wie mir mehrere ältere Leute versicherten. Jetzt, wo man*

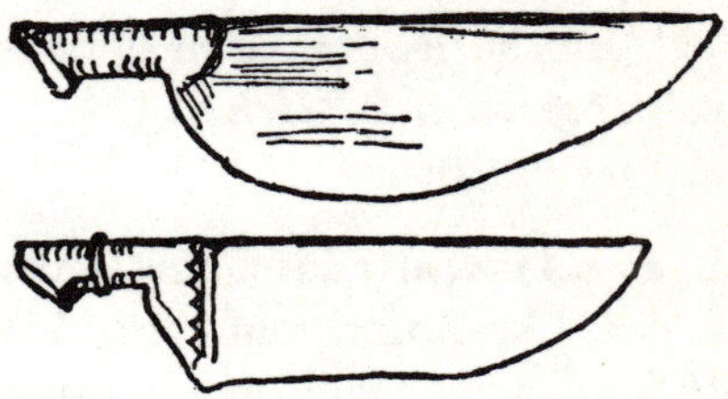

***147/148* Flachsschwinghölzer** *(Schwingschneider), 1. Hälfte 19. Jh., Heimatmuseum Wasserburg a. Inn/OB*

***149* Flachsschwingstock,** *datiert 1765, Heimatmuseum Wasserburg a. Inn/OB*

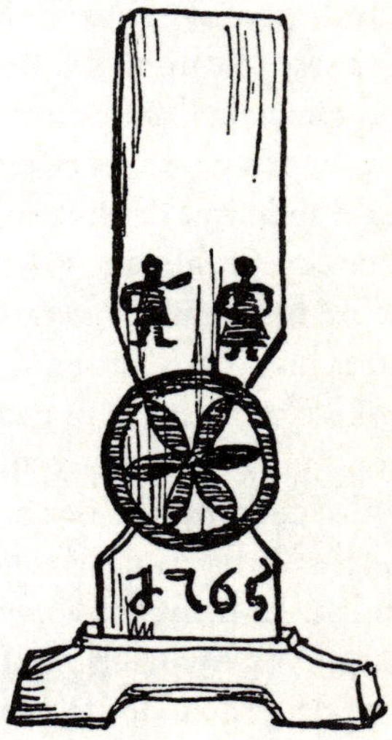

weniger Flachs baue, wolle man in der Zahl nicht zurückbleiben und nehme dafür die Boußn um eine Handvoll geringer. Man soll sich so auch leichter arbeiten. Die Bezeichnung »Schejd« sei von Bayern hereingekommen, wo sie schon immer üblich sein soll.

Vgl. dazu auch oben das Inventar von 1706 *(»Aufm Poden«): »20 Schett flax«.*

In einem Inventar aus Grand, Gde. Wiesenfelden, Lkr. Bogen vom Jahre 1675 werden 19 Schilling ungebrechten flax aufgeführt (vgl. auch Tirol: 1 hantl = ein kleines Bündel aus grünem Flachs; 30 hantlan = 1 pinggl; 60 hantlan = 1 scheate = Schejd). Dazu gehört auch schôt. Schôt als Flachsmaß erscheint schon 1023 in Tegernsee (lini septem scoti). Man erkennt hier deutlich, wie die Forschungen von Josef Blau Erhebungen in letzter Stunde gewesen sind. Er hat auch noch aus eigener Anschauung das Brechen, Schwingen und Hecheln des Flachses geschildert. Beim Schwingen wurde beispielsweise in Freihöls der Boußn mit der linken Hand waagrecht über eine Stuhllehne gehalten, während die rechte mit dem *Schwingscheit*, einem scharfen Schwert aus hartem Holz, so lang in senkrechter Richtung den Flachs schlug, bis dieser glänzte und sich mild anfühlte. Außer zahlreichen Resten der Stengelmasse fällt bei solcher Arbeit auch das gröbste Werg zu Boden. Es heißt Schwingwerg, Abschwingwerg, Abschwingerling. Dieser Abfall wird vom Bauern zu dreifach gedrehten Seilen, Stricken, Gurten, Tragbändern für Buckelkörbe und ähnliche Bedarfsartikel der eigenen Wirtschaft verarbeitet, von den Hütbuben auch zum Drehen von Peitschen (Geißeln) verwendet.
Die Hechel beschreibt Josef Blau:

Nicht weniger als 47 Stacheln stehen in einem Rechtecke von 1 dm² unregelmäßig beisammen, so zwar, daß in der ersten, dritten und fünften Reihe in fast gleichen Abständen je neun 10 cm lange und in der zweiten und dritten Reihe je zehn 8 cm lange spitz zulaufende Nagel stehen. Durch diese wird der Flachs gezogen, wobei das Werg, die kurzen, groben und wirren Fasern in der Hechel zurückbleiben. Das Werg wird dann in »Rupfen« gebunden.

Das Hecheln konnte auch zweimal vorgenommen werden, wobei man sich zweier verschiedener Hecheln bediente *(Rauhwerghechel* und *Leinwerghechel)*. Die Hecheln konnten in einen tischhohen, vierbeinigen *Hechelstuhl* eingesetzt werden. Die Arbeit geschah im Sitzen. Nach dem Hecheln kam der Flachs, in Raisten zusammengedreht, in die Truhe. Je länger er lagerte, um so dauerhafter sollte er werden. Josef Blau berichtete noch folgendes:

Das Rauhwerg vom ersten Hecheln ist so grob, daß es im versponnenen Zustande schon mit zehn (Planer Gegend neun) Schock Fäden einen Strähn gibt. Vom feineren oder Leinwerg geben erst zwölf Schock einen Strähn.

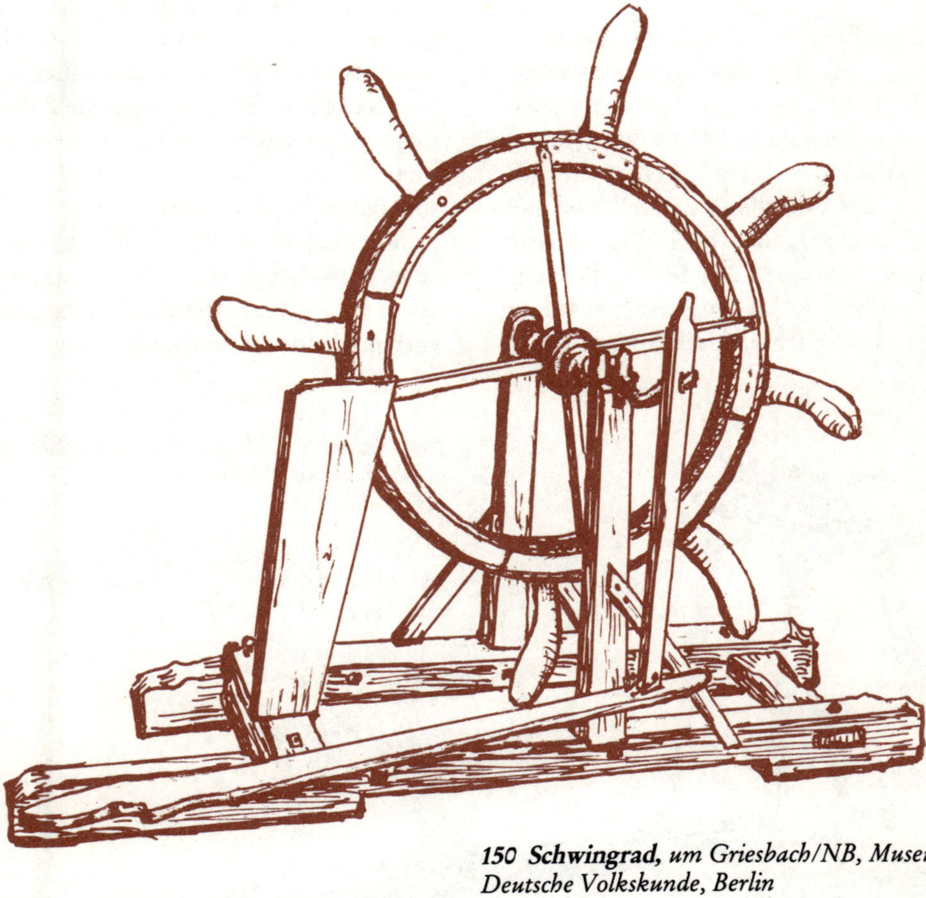

150 Schwingrad, *um Griesbach/NB, Museum für Deutsche Volkskunde, Berlin*

Textilwesen

Früher hechelte man das Leinwerg weit sorgfältiger heraus als heute, weil man das feinere Leinwand, sogenanntes Tuch, erzeugte, von dessen Fäden auf einen Strähn 18–20 Schock gingen.

Diese Berichte lassen sich sehr schon mit den hier dargestellten Werkzeugen und Geräten in Verbindung bringen, wobei noch hervorgehoben werden darf, daß der Wasserburger *Schwingstock* vom Jahre 1765 (der ein schönes Werk der Volkskunst darstellt und möglicherweise eine Liebes- oder Hochzeitsgabe war) darauf hinweist, daß die Möglichkeit, über einer Stuhllehne den Flachs zu schwingen, im 18. Jh. nicht überall gegeben war.

Derartige Stuhllehnen standen nicht immer zur Verfügung.
Wir haben Blau bewußt so ausführlich zitiert, um klarzumachen, wie wichtig es ist, daß die hier einschlägigen Werkzeuge und Geräte in sinnvoller Ordnung in den Heimatmuseen aufgestellt werden. In den hierfür bestimmten Museumsräumen sollten in einer entsprechenden Beschreibung die Arbeitsvorgänge gemäß der jeweiligen örtlichen Überlieferung erläutert werden. Die Darstellung des Böhmerwälder Forschers ist aber auch deshalb bedeutsam, weil man mit Hilfe seiner Forschungsarbeit ein Muster besitzt, das es ermöglicht, Übereinstimmungen und Verschiedenheiten in einzelnen bayerischen

***151 Hechel** (»Hachelbank«; auf dreibeinigem Gestell), 19. Jh., Heimat- und Hirtenmuseum Hersbruck/MF* ▷

***152 Hechelstuhl,** 19. Jh., Heimat- und Hirtenmuseum Hersbruck/MF*

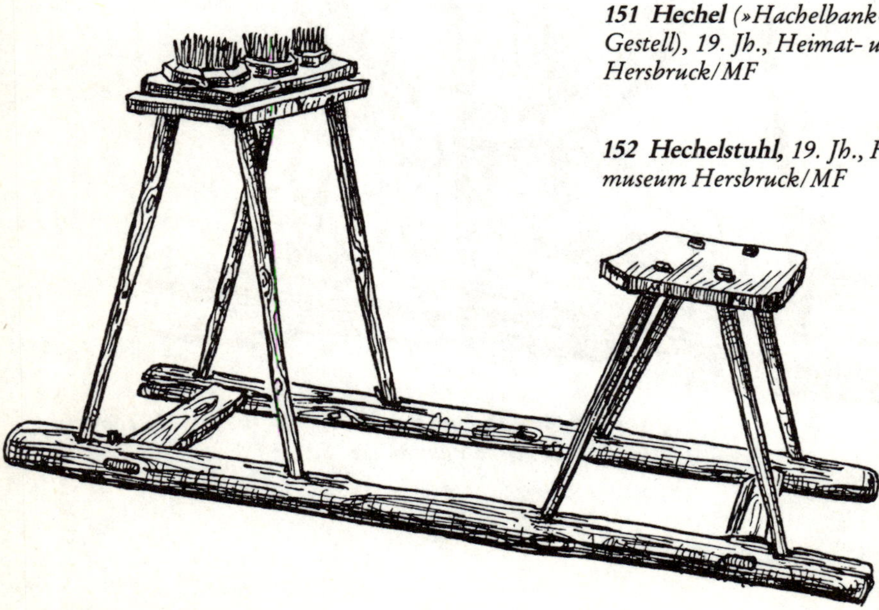

Landschaften festzustellen. Mit anderen Worten: Es ist methodisch wichtig, von einem möglichst exakt ausgearbeiteten Beispiel auszugehen, welchen Zweig der bäuerlichen Gerätekunde auch immer man behandeln will.

Wenn man eine Karte der Verbreitung und Dichte des Flachsbaus in Bayern um 1860 mit der Häufigkeit des Vorkommens von Geräten der Flachsbereitung in den bayerischen Heimatmuseen vergleicht, so ist bis jetzt keine Übereinstimmung zu erkennen. Es kann aber kein Zweifel darüber bestehen, daß sich der Flachsbau im unteren Bayerischen Wald mit am längsten gehalten hat. Heute ist der Flachsanbau in Bayern vollkommen erloschen.

Hermann Zeller, Illerbeuren (»Kunstsinn und Erfindergeist im Bauernhof«) weiß über das Hecheln noch folgendes zu berichten:

»Das zu einem Knoten zusammengeflochtene Bündel langfaserigen Flachses ist das ›Knitzle‹; das Werg war zu einem Bollen zusammengerollt. Die Farbe der Fasern läßt gleich auf die Güte des Erntejahrgangs schließen: der schönste Flachs darf nicht dunkel sein, er soll sogar eher silbrig glänzen; in nassen Jahren aber sieht er fast bräunlich aus.«

Nach 1870 wurden in Bayern kaum noch neue Hecheln hergestellt. Das erhaltene Material stammt vorzugsweise aus der 1. Hälfte des 19. Jh.

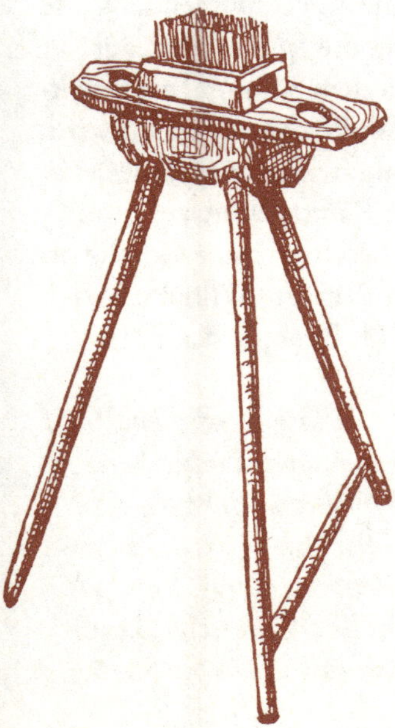

153 **Hechelstuhl,** *Frankenwald, Sammlung Steinbach a. Wald/OF*

Geräte zum Spinnen und Weben

In der Spinnstube
Mit dem November beginnt das Spinnen. Da wird denn gesponnen den ganzen Tag bis neun Uhr auf die Nacht. Wenn die Drischelhenket vorbei ist, geht man mit der Kunkel aus in Rockenstuben, wo Viele zusammen kommen. Dazu wählt man am liebsten Häuser, wo es nicht viel streng zugeht, wo man Vene und Schwung hat (Begünstigung größerer Ungebundenheit). Da versammeln sich gern auch die Ledigen des andern Geschlechts und nach lustigem Plaudern und Singen kommt oft noch ein Tanzl aus. Die Redensart ~ nə réhhtə Gunkəlfuər will eben den Lärm bedeuten, wie er in den Rockenstuben leichtfertiger Häuser vorkommt. Es sind diese Zusammenkünfte schon vor vielen Jahrhunderten mit steten Wiederholungen bis in die neueste Zeit verboten worden, allein was so nothwendig natürlich ist, läßt sich nur auf dem Papier verbieten. D'Spinnerinnə~ müəss'n auf d'Gunkl gə~ und die Nádeerinnə~ auf d'Ster. In ordentlichen Häusern leidet man die Rockenstuben nicht länger als bis nach neun Uhr, in den andern wird es oft spät nach Mitternacht. Auf die Nacht haspelt der Bauer das Garn ab, denn das thut weder die Bäurin noch die Dirn. Jede freut sich am meisten zu spinnen; sagt man das ist die brävere Dirn, die bekommt die erste Heirath.

Aus dieser Schilderung von Karl von Leoprechting in seinem Buch »Bauernbrauch und Volksglaube in Oberbayern«, in dem er hauptsächlich über den Lechrain berichtet, geht zwar einiges über das Leben und Treiben in der Spinnstube hervor, ein Bild über das Aussehen und die Form der Geräte sowie den Vorgang des Spinnens vermag sie allerdings nicht zu geben.

Das *Spinnrad* hat die Aufgabe, feine Fäden zu einem starken Faden zusammenzufassen und diesen starken Faden aufzuwickeln. Es handelt sich also um zwei Funktionen, die in einem Arbeitsgang ausgeführt werden. Je nach seiner Bauweise unterscheiden wir das *Schragenspinnrad* und das *Stockspinnrad*. Zum Spinnrad gehören der auf ihm aufgesteckte oder selbständige *Spinnrocken (Spinnkunkel)*, auf dem der zu verspinnende Flachs (Lein) oder die zu verspinnende Wolle aufgesteckt ist, ferner die *Spinnhaspel*, auf die der vorläufig auf dem Spinnrad aufgewickelte Flachs- oder Wollfaden überspult wird. Zum Messen des aufgewickelten Garnes war sie häufig mit einem *Zählwerk* ausgestattet.

Den Spinnvorgang beschreibt uns Goethe bis ins Detail in seinem Roman »Wilhelm Meisters Wanderjahre« (3. Buch, 5. Kapitel):

In die verschiedenen Häuser eintretend fand ich Gelegenheit, meiner alten Liebhaberei nachzuhängen und mich von der Spinnertechnik zu unterrichten. Ich ward aufmerksam auf Kinder, welche sich sorgfältig und emsig beschäftigten, die Flocken der Baumwolle auseinanderzuzupfen und die Samen-

körner, Splitter von den Schalen der Nüsse nebst andern Unreinigkeiten wegzunehmen; sie nennen es erlesen. *Ich fragte, ob das nur das Geschäft der Kinder sei, erfuhr aber, daß es in Winterabenden auch von Männern und Brüdern unternommen werde.*

Rüstige Spinnerinnen zogen sodann, wie billig, meine Aufmerksamkeit auf sich; die Vorbereitung geschieht folgendermaßen: Es wird die erlesene oder gereinigte Baumwolle auf die Karden, welche in Deutschland Krempel heißen, gleich ausgeteilt, gekardet, wodurch der Staub davon geht und die Haare der Baumwolle einerlei Richtung erhalten, dann abgenommen, zu Locken festgewickelt und so zum Spinnen am Rad zubereitet.

Man zeigte mir dabei den Unterschied zwischen links und rechts gedrehtem Garn; jenes ist gewöhnlich feiner und wird dadurch bewirkt, daß man die Saite, welche die Spindel dreht, um den Wirtel verschränkt, wie die Zeichnung nebenbei deutlich macht (die wir leider wie die übrigen nicht mitgeben können).

Der Spinnende sitzt vor dem Rade, nicht zu hoch; mehrere hielten dasselbe mit übereinandergelegten Füßen in festem Stande, andere nur mit dem rechten Fuß, den linken zurücksetzend. Mit der rechten Hand dreht sie die Scheibe und langt aus, so weit und so hoch sie nur reichen kann, wodurch schöne Bewegungen entstehen und eine schlanke Gestalt sich durch zierliche Wendung des Körpers und runde Fülle der Arme gar vorteilhaft auszeichnet; die Richtung besonders der letzten Spinnweise gewährt einen sehr malerischen Kontrast, so daß unsere schönsten Damen an wahrem Reiz und Anmut zu verlieren nicht fürchten dürften, wenn sie einmal anstatt der Gitarre das Spinnrad handhaben wollten.

In einer solchen Umgebung drängten sich neue eigene Gefühle mir auf; die schnurrenden Räder haben eine gewisse Beredsamkeit, die Mädchen singen Psalmen, auch, obwohl seltener, andere Lieder.

Zeisige und Stieglitze in Käfigen aufgehangen, zwitschern dazwischen, und nicht leicht möchte ein Bild regeren Lebens gefunden werden als in einer Stube, wo mehrere Spinnerinnen arbeiten.

Dem beschriebenen Rädligarn ist jedoch das Briefgarn vorzuziehen; hierzu wird die beste Baumwolle genommen, welche längere Haare hat als die andere. Ist sie rein gelesen, so bringt man sie, anstatt zu krempeln, auf Kämme, welche aus einfachen Reihen langer, stählerner Nadeln bestehen, und kämmt sie; alsdann wird das längere und feinere Teil derselben mit einem stumpfen Messer bänderweise (das Kunstwort heißt ein Schnitz) abgenommen, zusammengewickelt und in einer Papiertüte getan, und diese nachher an der Kunkel befestigt. Aus einer solchen Tüte nun wird mit der Spindel von der Hand gesponnen, daher heißt es aus dem Brief spinnen und das gewonnene Garn Briefgarn.

[. . .]

Auch ward, als der Abend hereintrat, die vollbrachte Arbeit vorgewiesen; die vollen

Textilwesen

154 Spinnrad, *Heimatmuseum Berchtesgaden/OB*

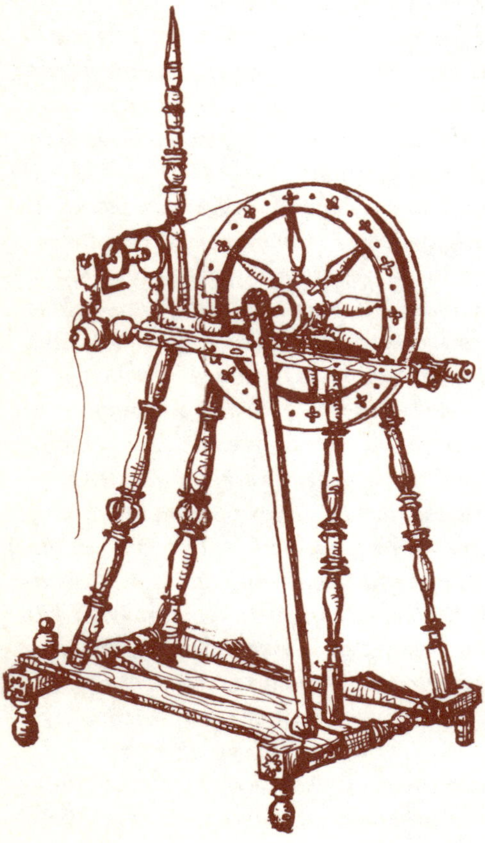

155 Spinnrad, *Ende 18. Jh., Rhön-Museum Fladungen/UF*

Spindeln in dazu bestimmten Kästchen beiseitegelegt und das ganze Tagewerk sorgfältig aufgehoben. Nun war man schon bekannter geworden, die Arbeit jedoch ging ihren Gang; nun beschäftigte man sich mit dem Haspeln und zeigte schon viel freier teils die Maschine, teils die Behandlung vor, und ich schrieb sorgfältig auf.
Der Haspel hat Rad und Zeiger, so daß sich bei jedesmaligem Umdrehen eine Feder hebt, welche niederschlägt, sooft hundert Umgänge auf den Haspel gekommen sind. Man nennt nun die Zahl von tausend Umgängen einen Schneller, nach deren Gewicht die verschiedene Feine des Garns gerechnet wird.
Rechts gedreht Garn gehen 25 bis 30 auf ein Pfund, links gedreht 60 bis 80, vielleicht auch 90. Der Umgang des Haspels wird ungefähr sieben Viertel Ellen oder etwas mehr betragen, und die schlanke, fleißige Spinnerin behauptete, 4, auch 5 Schneller, das wären 5000 Umgänge, also 8000 bis 9000 Ellen Garn täglich am Rad zu spinnen; sie erbot sich zur Wette, wenn wir noch einen Tag bleiben wollten.
Darauf konnte denn doch die stille und bescheidene Briefspinnerin es nicht ganz lassen und versicherte: daß sie aus dem Pfund 120 Schneller spinne in verhältnismäßiger Zeit. (Briefgarnspinnen geht nämlich langsamer als Spinnen am Rade, wird auch besser bezahlt. Vielleicht spinnt man am Rade wohl das Doppelte.) Sie hatte eben die Zahl der Umgänge auf dem Haspel voll und zeigte mir, wie nun das Ende des Fadens ein paarmal umgeschlagen und geknüpft werde, sie nahm den Schneller ab, drehte ihn so, daß er in sich zusammenlief, zog das eine Ende durch das andere durch und konnte das Geschäft der geübten Spinnerin als vollbracht mit unschuldiger Selbstgefälligkeit vorzeigen.

Das Weben ist eine frühe Form der Programmierung. Der *Webstuhl* diente dazu, viele Funktionen in einem Arbeitsgang zu vereinigen, die sonst von einer einzigen Arbeitskraft nicht zu bewältigen gewesen wären. Wie beispielsweise der fortentwickelte Pflug ist der Webstuhl also als eine frühe Maschine zu bezeichnen. Von der Antike und dem Mittelalter kennen wir den *Vertikalwebstuhl*, der später vom *Horizontalwebstuhl* abgelöst worden ist. Beim einen wurde von oben nach unten, beim anderen in umgekehrter Richtung gewebt. Bevor mit dem eigentlichen Weben, also der Herstellung des Tuches, begonnen werden konnte, mußte eine ganze Reihe von Vorarbeiten (u. a. Spulen, Schären, Aufbäumen der Kette, Anfertigen der Schußspulen) geleistet werden; nach der eigentlichen Webarbeit kam das Abweben. Dazu waren Zusatzgeräte wie das *Webergeschirr* (u. a. Riedblatt, Rohrkamm, Lesebrett), das *Spulrad*, der *Spulrahmen* und *Zettlrahmen* (Schär- oder Schweifrahmen) erforderlich. Goethe hat in seinem Roman »Wilhelm Meisters Wanderjahre« (3. Buch, 5. Kapitel) nicht nur das Spinnen, sondern auch das Weben, das er in der Schweiz kennengelernt hat, eingehend beschrieben:

Textilwesen

In der Webstube

Die erste Arbeit, das Garn zu leimen, war gestern verrichtet. Man siedet solches in einem dünnen Leimwasser, welches aus Stärkemehl und etwas Tischlerleim besteht, wodurch die Fäden mehr Halt bekommen. Früh waren die Garnstänge schon trocken und man bereitete sich zu spulen, nämlich das Garn am Rade auf Rohrspulen zu winden. Der alte Großvater, am Ofen sitzend, verrichtete diese leichte Arbeit, ein Enkel stand neben ihm und schien begierig das Spulrad selbst zu handhaben. Indessen steckte der Vater die Spulen, um zu zetteln, auf einen mit Querstäben abgeteilten Rahmen, so daß sie sich frei um perpendikulär stehende starke Drähte bewegten und den Faden ablaufen ließen. Sie werden mit gröberm und feinerm Garn in der Ordnung aufgesteckt, wie das Muster oder vielmehr die Striche im Gewebe es erfordern. Ein Instrument (das Brittli), *ungefähr wie ein Sistrum gestaltet, hat Löcher auf beiden Seiten, durch welche die Fäden gezogen sind; dieses befindet sich in der Rechten des Zettlers, mit der Linken faßt er die Fäden zusammen und legt sie, hin und wieder gehend, auf den Zettelrahmen. Einmal von oben herunter und von unten herauf heißt ein Gang, und nach Verhältnis der Dichtigkeit und Breite des Gewebes macht man viele Gänge. Die Länge beträgt entweder 64 oder nur 32 Ellen. Beim Anfang eines jeden Ganges legt man mit den Fingern der linken Hand immer einen oder zwei Fäden herauf und ebensoviel herunter, und nennt solches die* Rispe; *so werden die verschränkten Fäden über die zwei oben an dem Zettelrahmen angebrachten Nägel gelegt. Dieses geschieht, damit der Weber die Fäden in gehörig gleicher Ordnung erhalten kann. Ist man mit dem Zetteln fertig, so wird das Gerispe unterbunden und dabei ein jeder Gang besonders abgeteilt, damit sich nichts verwirren kann; sodann werden mit aufgelö-*

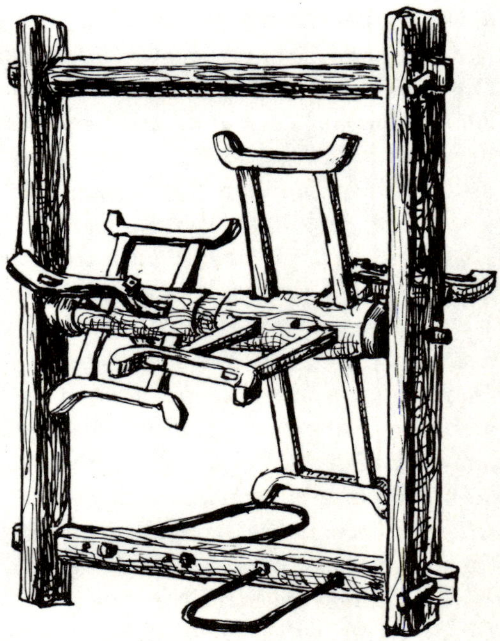

156 Haspel *(Weife), Sammlung Steinbach a. Wald/OF*

stem Grünspan am letzten Gang Male *gemacht, damit der Weber das gehörige Maß wieder bringe; endlich wird abgenommen, das Ganze in Gestalt eines großen Knäuels aufgewunden, welcher die* Werfte *genannt wird.*

[. . .]

Ich betrachtete nun sorgfältig das Aufwinden. *Zu diesem Zweck läßt man die Gänge des Zettels nach der Ordnung durch einen großen* Kamm *laufen, der eben die Breite des Weberbaums hat, auf welchen aufgewunden werden soll; dieser ist mit einem Einschnitt versehen, worin ein rundes Stäbchen liegt, welches durch das Ende des Zettels durchgesteckt und in dem Einschnitt befestigt wird. Ein kleiner Junge oder Mädchen sitzt unter dem Weberstuhl und hält den Strang des*

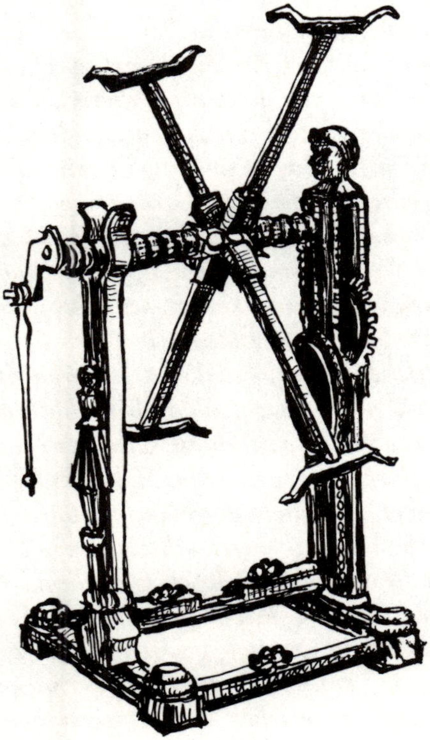

157 **Haspel** *(mit Zählwerk und figürlichem Schmuck), Tirol, datiert 1767*

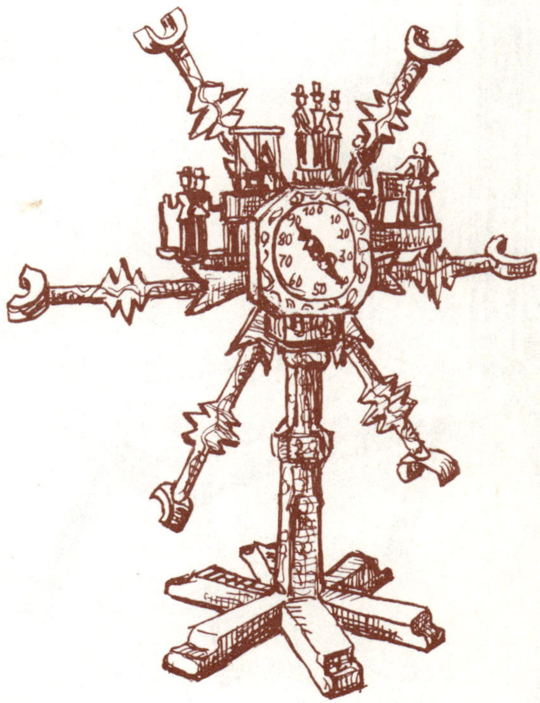

158 **Garnhaspel** *(Weife; mit Zählwerk), Franken, Luitpoldmuseum Würzburg/UF*

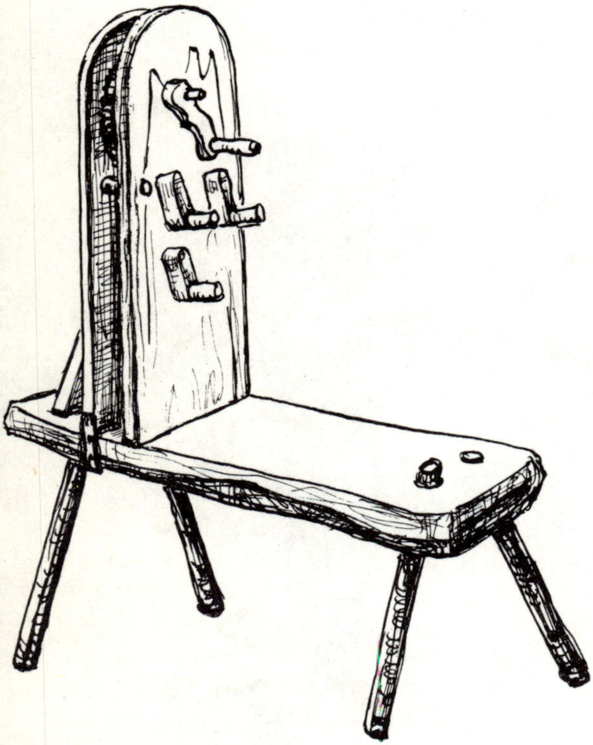

159 Spinnmaschine *(zum Strohseildrehen), Riedertsham bei Griesbach/NB, datiert 1834*

Zettels stark an, während die Weberin den Weberbaum an einem Hebel gewaltsam umdreht und zugleich achtgibt, daß alles in der Ordnung zu liegen komme. Wenn alles aufgewunden ist, so werden durch die Rispe ein runder und zwei flache Stäbe, Schienen, gestoßen, damit sie sich halte, und nun beginnt das Eindrehen.

Vom alten Gewebe ist noch etwa eine Viertelelle am zweiten Weberbaum übriggeblieben und von diesem laufen etwa drei Viertelellen lang die Fäden durch das Blatt in der Lade sowohl als durch die Flügel des Geschirrs. An diese Fäden nun dreht die Weberin die Fäden des neuen Zettels, einen um den andern, sorgfältig an, und wenn sie fertig ist, wird alles Angedrehte auf einmal durchgezogen, so daß die neuen Fäden bis an den noch leeren vordern Weberbaum reichen; die abgerissenen Fäden werden angeknüpft, der Eintrag auf kleine Spulen gewunden, wie sie ins Weberschiffchen passen, und die letzte Vorbereitung zum Weben gemacht, nämlich geschlichtet.

So lang der Weberstuhl ist, wird der Zettel mit einem Leimwasser, aus Handschuhleder bereitet, vermittelst eingetauchter Bürsten durch und durch angefeuchtet, sodann werden die obengedachten Schienen, die das Gerispe halten, zurückgezogen, alle Fäden aufs genaueste in Ordnung gelegt und alles so lange mit einem an einen Stab gebundenen Gänseflügel gefächelt, bis es trocken ist, und nun kann das Weben begonnen und fortgesetzt werden, bis es wieder nötig wird zu schlichten.

***160* Webstuhl,** *datiert 1670, Heimatmuseum Wasserburg a. Inn/OB*

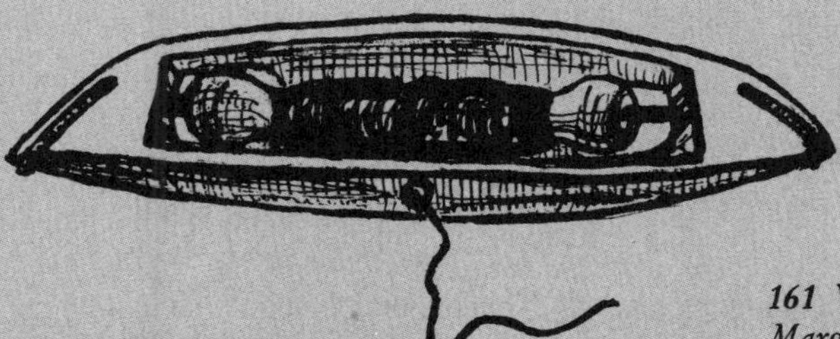

***161* Webschiff,** *Altbayern, Privatsammlung Margarete Hein, München*

Textilwesen

Das Schlichten und Fächeln ist gewöhnlich jungen Leuten überlassen, welche zu dem Webergeschäft herangezogen werden, oder in der Muße der Winterabende leistet ein Bruder oder ein Liebhaber der hübschen Weberin diesen Dienst, oder diese machen wenigstens die kleinen Spülchen mit dem Eintragsgarn.
Feine Musseline werden naß gewebt, nämlich der Strang des Einschlagegarns wird in Leimwasser getaucht, noch naß auf die kleinen Spulen gewunden und sogleich verarbeitet, wodurch sich das Gewebe gleicher schlagen läßt und klarer erscheint.
Ich fand überhaupt etwas Geschäftiges, unbeschreiblich Belebtes, Häusliches, Friedliches in dem ganzen Zustand einer solchen Weberstube; mehrere Stühle waren in Bewegung, da gingen noch Spinn- und Spulräder, und am Ofen saßen die Alten mit den besuchenden Nachbarn oder Bekannten trauliche Gespräche führend. Zwischendurch ließ sich wohl auch Gesang hören, meistens Ambrosius Lobwassers vierstimmige Psalmen, seltener weltliche Lieder; dann bricht auch wohl ein fröhlich schallendes Gelächter der Mädchen aus, wenn Vetter Jakob einen witzigen Einfall gesagt hat.
Eine recht flinke und zugleich fleißige Weberin kann, wenn sie Hülfe hat, allenfalls in einer Woche ein Stück von 32 Ellen nicht gar zu feine Musseline zustande bringen; es ist aber sehr selten, und bei einigen Hausgeschäften ist solches gewöhnlich die Arbeit von vierzehn Tagen.
Die Schönheit des Gewebes hängt vom gleichen Auftreten des Webegeschirres ab, vom gleichen Schlag der Lade, wie auch davon, ob der Eintrag naß oder trocken geschieht. Völlig egale und zugleich kräftige Anspannung trägt ebenfalls bei, zu welchem Ende die Weberin feiner baumwollenen Tücher einen schweren Stein an den Nagel des vordern Weberbaums hängt. Wenn während der Arbeit das Gewebe kräftig angespannt wird (das Kunstwort heißt dämmen*), so verlängert es sich merklich, auf 32 Ellen etwa 3/4 Ellen und auf 64 etwa 1 1/2 Elle; dieser Überschuß nun gehört der Weberin, wird ihr extra bezahlt, oder sie hebt sich's zu Halstüchern, Schürzen usw. auf.*

Geräte zur Wäschepflege

Die Wäschepflege war in früheren Zeiten eine mühselige Angelegenheit. So, wie man Backtage ansetzte, gab es eigene Waschtage, die den Großeinsatz fast der ganzen bäuerlichen Familie verlangte. Das Wäschewaschen bestand aus einer Vielzahl von Einzelarbeiten, nämlich u. a. aus dem Einweichen, dem Kochen (Aschenlauge!), dem Bürsteln, dem Ruppeln, dem Schlagen, dem Überbrühen, dem Schwanken, dem Trocknen, dem Bleichen, dem Plätten (dem späteren Bügeln), dem Zusammenlegen und dem Aufräumen der Wäsche. Es ist verständlich, daß man sich die schwersten Arbeiten dadurch erleichterte, daß man Hilfsmittel in Form einfacher Werkzeuge und Geräte heranzog.
Solche Geräte sind in erster Linie die *Wäscherumpeln* zum Ausruppeln stark verschmutzter Wäschestücke, die *Wäschepleuen* (Wäscheploien) zum Schlagen und Weichklopfen der nassen Wäsche und die *Manghölzer* zum Plätten und Glätten der getrockneten Wäsche.
Die letztgenannten Geräte, Wäschepleuen und Manghölzer, waren sehr oft Liebes- und Heiratsgaben und deshalb reich verziert. Sie gehören aus diesem Grunde zu den begehrtesten Sammelobjekten der Volkskunst. Die meisten stammen aus dem 18. und 19. Jh. In der Hersbrucker Gegend waren sie häufig Hirtenarbeit. Obwohl die bekannten Werke zur Volkskunst in Bayern diese Geräte regel-

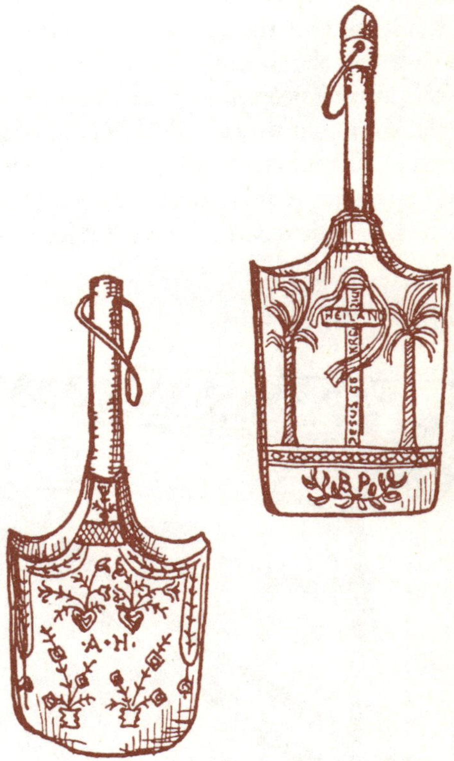

162/163 ***Wäschepleuen****, Oberbayern, 19. Jh., Heimatmuseum Ruhpolding/OB*

mäßig abbilden, haben sie bei uns leider noch keine umfassende und vergleichende Behandlung erfahren.
Fast jedes Museum in Bayern besitzt eine mehr oder weniger große Anzahl von Wäschepleuen und Manghölzern.
Sie werden aber immer nur als Zeugen für die Volkskunst gewertet, und man fragt vergeblich, wann und wo ein solches Gerät letztmals in einem Haushalt Dienst getan hat und wie etwa die unverzierten Geräte ausgesehen haben. Gerade das aber ist das Anliegen der Geräteforschung, die erst zuletzt auf den Schmuck achtet. Gerätekundlich gesehen ist es bereits erfreulich, wenn zum Mangholz auch die zugehörige *Mangrolle* gesammelt wurde. Über die Hersteller der Manghölzer ist nur sehr wenig bekannt. Hier besteht eine ausgesprochene Forschungslücke. Vom Gerätekundlichen her interessiert aber auch das Aufkommen und die Verbreitung des *Waschbretts* und des *Bügeleisens.* Ein hölzernes *Waschfaß* auf drei Füßen befindet sich im Heimatmuseum Freyung.

***164* Waschrumpel,** *Riedertsham bei Griesbach/NB, datiert 1833*

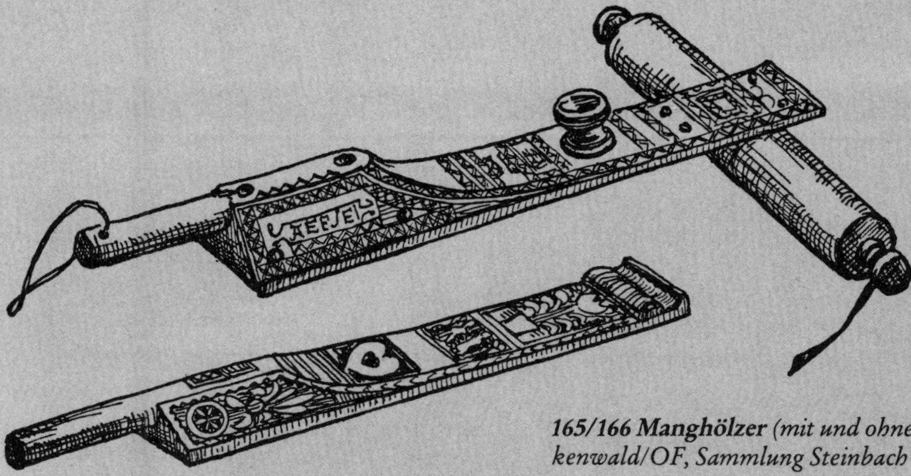

165/166 Manghölzer *(mit und ohne Rolle), Frankenwald/OF, Sammlung Steinbach a. Wald/OF*

168 Nähutensilienhalter, *um 1840, Heimatmuseum Starnberg/OB*

167 Mangholz, *Anfang 19. Jh., Rhön-Museum Fladungen/UF*

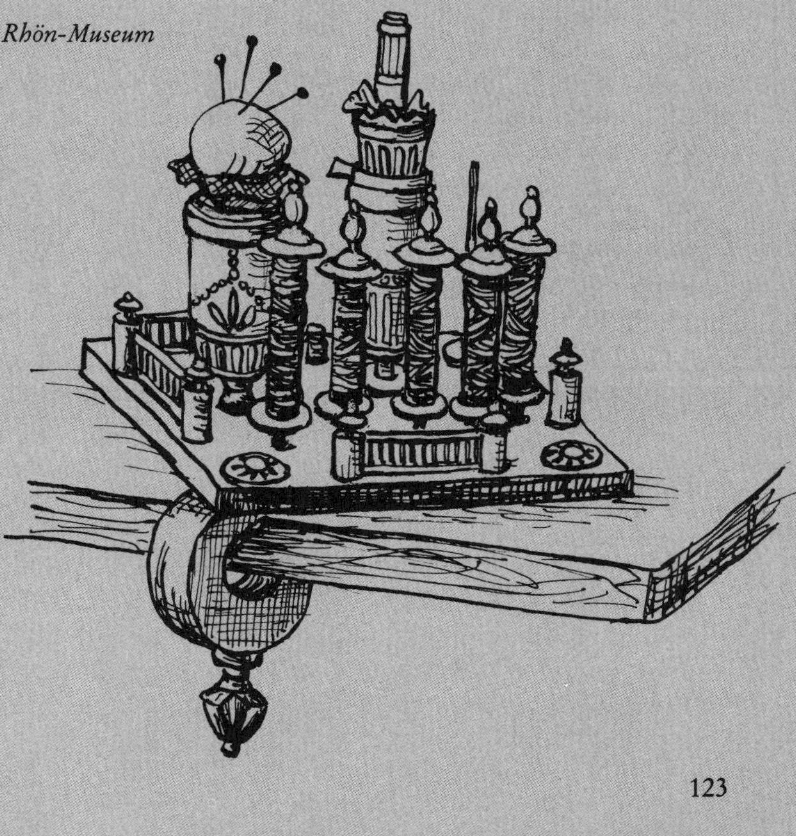

Rauchküche (Herd mit Rauchabzugshaube; am offenen Feuer drehbarer Bratenspieß, links und oben im Bild Teller und Henkelkrüge)

Hauswesen

Hauswesen

Unter Hauswesen werden hier alle Arbeiten zusammengefaßt, die nicht schon beim Nahrungs- und beim Textilwesen gesondert behandelt worden sind. Den letztgenannten Bereichen wurde wegen ihrer besonderen Bedeutung für die Existenz des Menschen – nämlich Befriedigung seiner natürlichsten Bedürfnisse wie Nahrung und Kleidung – und wegen ihres Umfanges je eine eigene Sachgruppe zugestanden.
Im folgenden werden einige Beispiele für hölzerne Kleingeräte, für Geräte zur Heizung, Beleuchtung und Wasserversorgung sowie für Geräte zum Strohdachdecken gegeben.

169 Holzteller, *fränkische Hirtenarbeit, um 1900, Heimat- und Hirtenmuseum Hersbruck/MF*

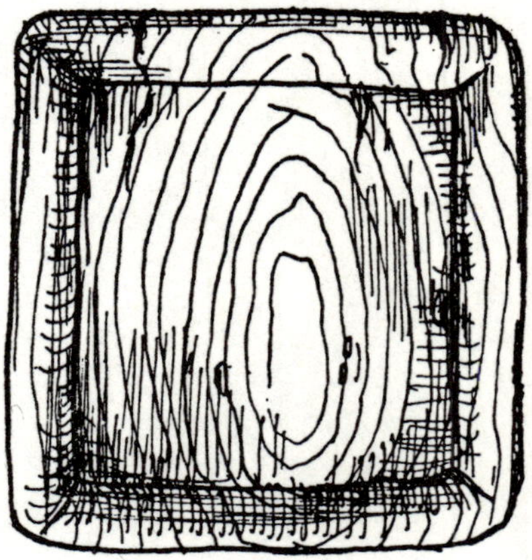

Hölzerne Kleingeräte

Das hier abgebildete hölzerne Kleingerät umfaßt im wesentlichen diverses *Küchengerät,* das jedoch speziell, wie schon einmal gesagt, nicht behandelt wird. Besonders herausgegriffen seien die *Salzbehältnisse.*
Imre Holl dürfte den ältesten noch erhaltenen hölzernen *Salzkasten (Salzfaß),* der aus dem 14. Jh. stammt, veröffentlicht haben.

Das lebensnotwendige Salz wurde in den verschiedensten Behältern aufbewahrt, von denen viele echte Werke der Volkskunst sind. Leider hat man in der Regel nur diese beachtet und die urtümlichen Stücke dabei übersehen. In den Verlassenschaftsinventaren werden sie regelmäßig erwähnt, ohne daß wir dazu Formenangaben machen könnten. Mitteldeutsche Bezeichnungen für Salzfaß sind *Meste, Metze* (vgl. die Maßbezeichnung Metzen).

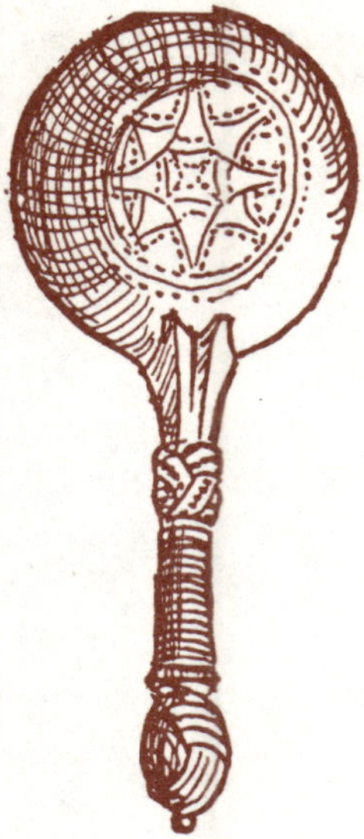

171 Holzlöffel, *Heimatmuseum Ruhpolding/OB*

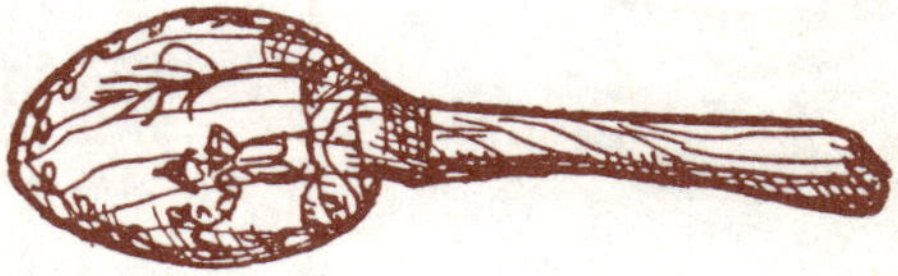

172 Holzlöffel, *Berchtesgadener Arbeit, 19. Jh.*

170 Holzlöffel, *um Altusried im Allgäu/Schw.*

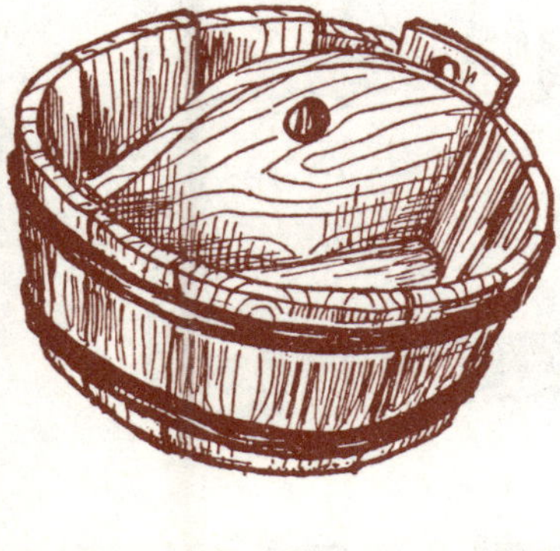

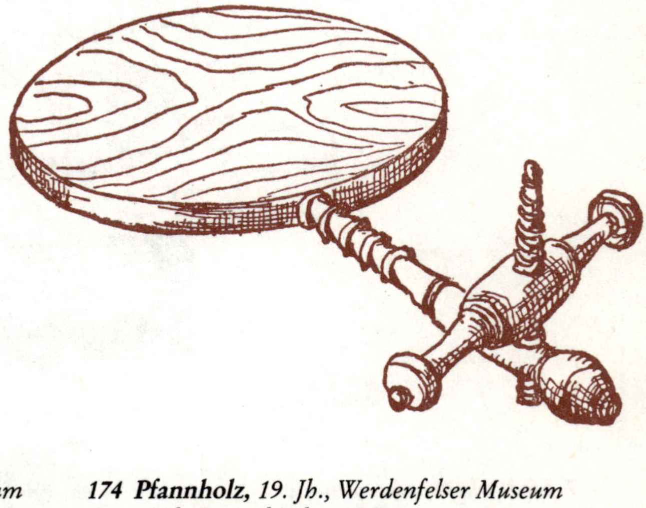

173 Holzschaff, *19. Jh., Werdenfelser Museum Garmisch-Partenkirchen/OB*

174 Pfannholz, *19. Jh., Werdenfelser Museum Garmisch-Partenkirchen/OB*

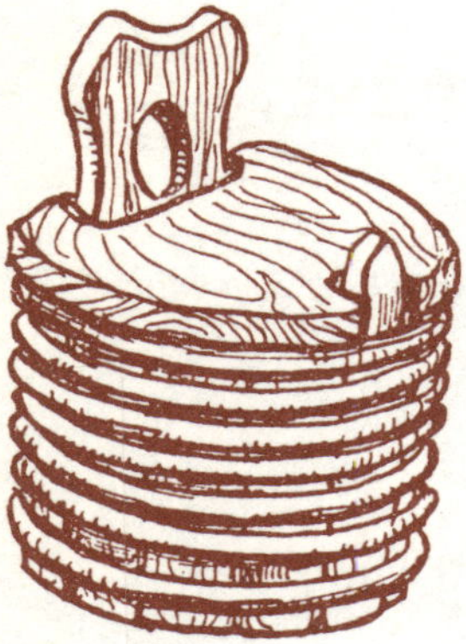

***176* Salzkasten** *(Salzfaß), um 1800, Heimat- und Hirtenmuseum Hersbruck/MF*

***175* Salzkasten** *(Salzfaß), 19. Jh., Heimatmuseum Sonthofen/Schw.*

177 **Holzschloß,** *Heimatmuseum Rotenburg a. d. Fulda/Hessen*

Brunnrohrverlegung

Geräte zur Heizung, Beleuchtung und Wasserversorgung

Bei der *Heizung* haben wir es ausschließlich mit holzgeschürten Öfen, beim Kochen mit holzgeschürten Herden zu tun. Die unmittelbar häusliche Arbeit beschränkt sich somit auf die Zurichtung des bereits grob zerkleinerten Brennholzes und das Herrichten des Anschürholzes, wozu man sich in aller Regel eines kleinen Beils, des *Handhackls,* bediente. Dazu kommen noch der eiserne *Schürhaken* zum Lockern der Glut sowie die eiserne *Ofenkrucke* und die eiserne *Ofenschaufel,* die zum Reinigen des Ofenlochs diente.

Das Herrichten von Brennholz aus Bündelholz läßt schon Verständnis für die besondere Eigenschaft des Holzes erkennen. Von hier aus spannt sich der Bogen vom Bauern angefangen über den Zimmermann, Wagner, Drechsler, Schreiner, Schäffler (Binder), Korbflechter usf. bis zum Mittenwalder Geigenbauer, der die richtige Auswahl des Holzes für die Resonanzböden der empfindlichen Instrumente treffen muß, zu immer reicherem Erfahrungsvorrat.

In den Kreis der häuslichen Arbeit sollen auch die alten *Beleuchtung*sgeräte einbezogen werden, vor allem die verschiedenen For-

men der *Kienspanhalter* sowie die hölzernen, tönernen und schließlich auch eisernen *Stalllaternen.* Die Eisenzwingen der Kienspanhalter waren Arbeit der Dorfschmiede, bei den kleineren Schmieden der Einödhöfe im Bergbauerngebiet wohl auch der Bauern.
Zu den häuslichen Arbeiten kann man auch alles rechnen, was mit der *Wasserversorgung* zusammenhängt: die verschiedenen *Brunnentypen*, die hölzernen *Wasserrohre*, ihre Herstellung und die dafür notwendigen Geräte sowie die *Wasserbehältnisse* für den Transport und die Aufbewahrung von Trink- und Brauchwasser für Mensch und Tier, die allerdings bei der Sachgruppe Transport behandelt werden.

178 **Holzbock** *(zum Bündelholzrichten), Franken, 20. Jh., Heimat- und Hirtenmuseum Hersbruck/MF*

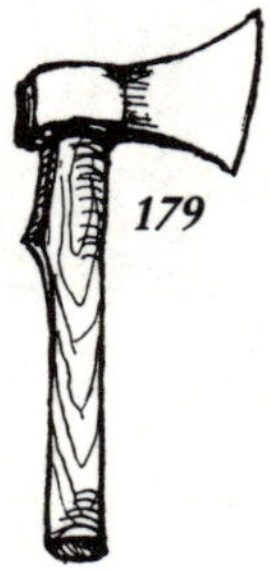

179

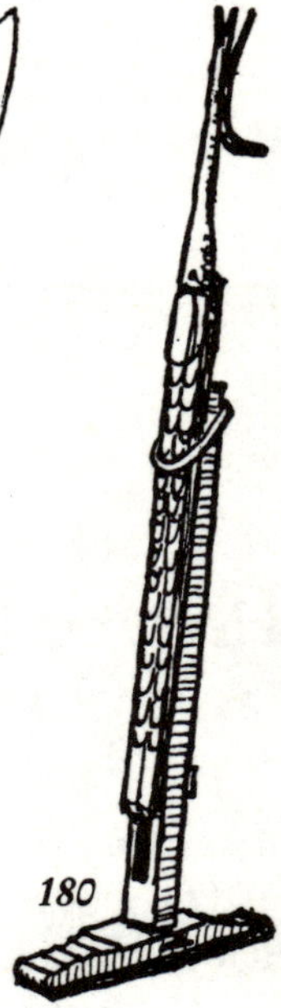

180

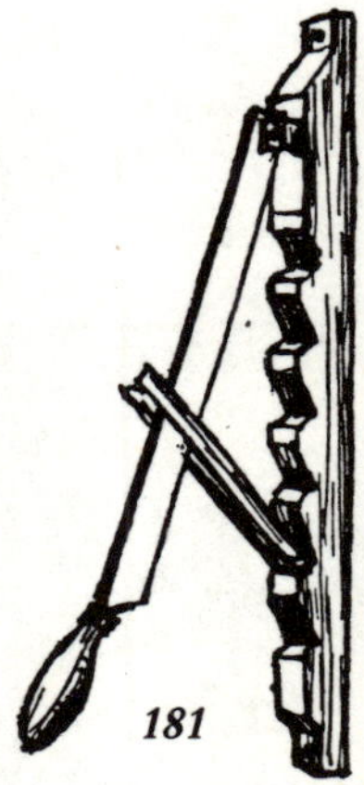

181

179 **Hackl** *(u. a. zum Kleinholzmachen), 2. Hälfte 19. Jh.*

180 **Kienspanhalter,** *Heimatmuseum Ruhpolding/OB*

181 **Feuerholzschneider,** *Oberpfalz, 19./20. Jh., Heimatmuseum Weiden/OPf.*

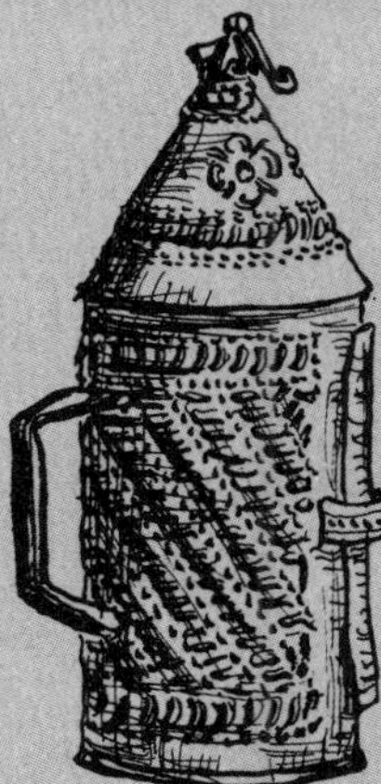

184 Rohrbohren, *Gutenstein/Niederösterreich (nach Hiltraut Ast)*

182 Lochleuchte, *Streichen bei Traunstein/OB, 16. Jh. (?)*

183 Stallaterne, *Steiermark, Österreichisches Freilichtmuseum, Stübing bei Graz/Steiermark (nach Viktor Herbert Pöttler)*

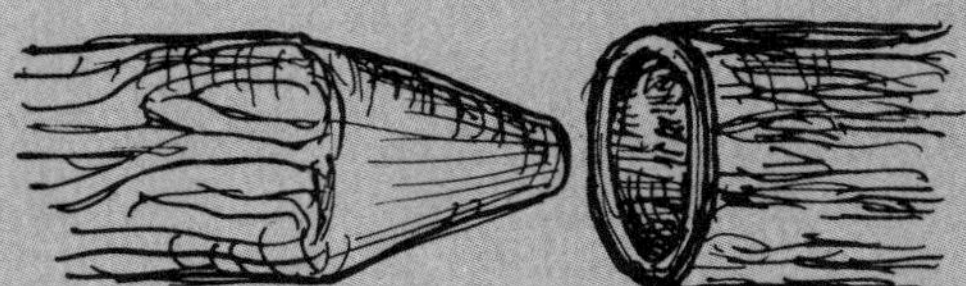

186 Brunnrohre *(Holzverbindung), im gesamten Alpenland verbreitet (nach Hiltraut Ast)*

185 Rohrbohren *(mit dem Deichelbohrer; österr. »Nabinger«), im gesamten Alpenland verbreitet (nach Hiltraut Ast)*

Geräte zum Strohdachdecken

Zum besseren Verständnis der Technik des Strohdachdeckens wird gleich zu Beginn eine Schilderung aus der Schwäbischen Alb wiedergegeben, die uns Jeremias Höslin überliefert hat:

Strohdachdecken

Wenn der Zimmermann ein Gebäude aufgerichtet hat, so ist des Innhabers desselben allererste Sorge, die erforderliche Latten im Wald zu bekommen. Diese bestehen meisten aus büchenen Stangen, die gespalten werden können. Man wählt hiezu solche, die in einem Dikkig stehen, und eine Länge von 15–16 Schuhen haben. Wenn sie nun richtig gespalten sind, so werden sie einen Schuh weit übereinander an den Sparren mit hölzernen Nägeln befestiget; aber immer so, daß sie ungefähr 18 Zoll an dem Giebel hervor ragen. Das erforderliche Stroh wird in Bänden oder an Schäuben herbei geschaft, aufgestellt, und mit Wasser begossen, damit jeder Bund seine zulängliche Feuchtigkeit und die daraus folgende Biegsamkeit habe. Die am Gibel vorstehende Latten werden mit Zaungerten umflochten, und an diese werden kleine Schäube von mehr als einer Hand voll Stroh, das in Büscheln gebunden worden, einzel über einander hin mit Wieden angebunden. Gleich neben diese wird sodann eine Hand voll Stroh nach der andern hingelegt, und gleichsam unter die erste Schäubchen hinunter geschoben. Hiezu aber, um das Stroh zu befestigen wird Leimen von allerlei Farben, oder Ziegelerde gegraben, herbei geführt, ausgebreitet, mit zulänglichem Wasser begossen, und durch zwei Pferde so lange auf der Gasse getreten bis der Leimen sich gleich einem Mörtel behandeln läßt.

Zum Dekken selbst sind 4–5 Personen erforderlich. Der Dekker; ein Handlanger, der neben ihm auf einer andern Leiter das Stroh vor sich hat, und jenem eine Handvoll nach der andern reicht, die der Dekker schief stöst, oben ein wenig umbiegt, und so geschmeidig hinlegt, als er kann. Ein anderer Handlanger steht über dem Dekker, hat einen Kübel mit Leimen vor sich, und bewirft mit einer Maurerkelle das niedergelegte Stroh dicht mit dem Leimen, streicht auch den Leimen so auf, daß das Stroh auf zwei Drittel damit belegt ist. Die vierte und fünfte Person trägt Stroh und Leimen herbei, daß der Dekker nicht verhindert wird. Auf diese Art wird die Arbeit von unten bis oben gegen drei Schuh breit fortgesezt; worauf die Leitern weiter fortgerükt werden müssen, um einen neuen Gang anzufangen. Der Dekker bedient sich einer unangeschlagenen mit einer hölzernen Handhebe versehenen Sense, das Stroh unten am Dach gleich abzuschneiden, und einer Pritsche oder eines 8 Zoll breiten und gegen 4 Schuh langen Bretts mit einem Handgriff und an der einen Seite mit kammartig eingeborten hölzernen Nägeln, womit er das überflüßige und unbefestigte Stroh abkämmt, und das andere gleich schlägt. Damit er diesen

Werkzeug aber bei der Hand behalten möge, ist er in der Mitte mit einem Steft oder eisernen Nagel versehen, durch den er in das aufgetragene Strohdach eingeschlagen oder angehängt werden kann.
Die Dauer eines Strohdachs ist verschieden. Ein wohlgemachtes und mit zulänglichem Leimen versehenes Dach der Art kann über 20 Jahr aushalten. Alsdann aber wird es erst stükweis, und nicht auf einmal wieder erneuert . . . Wird es sodann abgeworfen, und mit frischem Stroh gedekt, so gewährt der Abgang erst noch den vorzüglichsten Dünger, und dieses darum, weil der Leimen in der Luft mit Salpeter geschwängert, den Pflanzen auf die er gelegt wird, einen frölichen Wuchs verschaft.
Besonders vorzüglich ist die Bequemlichkeit eines Strohdachs; weil selbiges vor Hize, Kälte, Regen und Schnee schüzt. Kommt der Landmann in den schwülsten Tagen des Sommers nach Hause, so hat die Hize sein Dach doch niemalen so durchdrungen, daß er etwas davon empfände, sondern er ruht des Nachts in der angenehmesten Kühle. Des Winters gibt es ihm warm weil weder Regen noch Schnee hindurch kommt.

Die Kunst des Strohdachdeckens gerät in Bayern mit jedem Jahr mehr in Vergessenheit. 1947 wurde durch das Bayerische Landesamt für Denkmalpflege eine Erhebung durchgeführt, die zu folgendem Ergebnis führte: Die meisten Strohdachdecker Ober-

187 **Dachdeckerleiter**

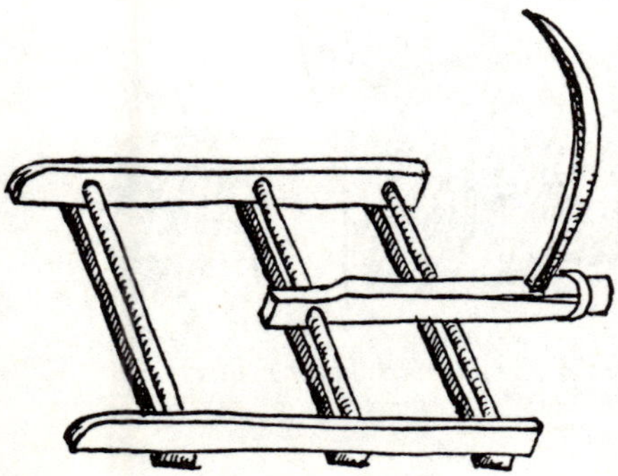

188 **Schlagblatt,** *Niederbayern, um 1900*

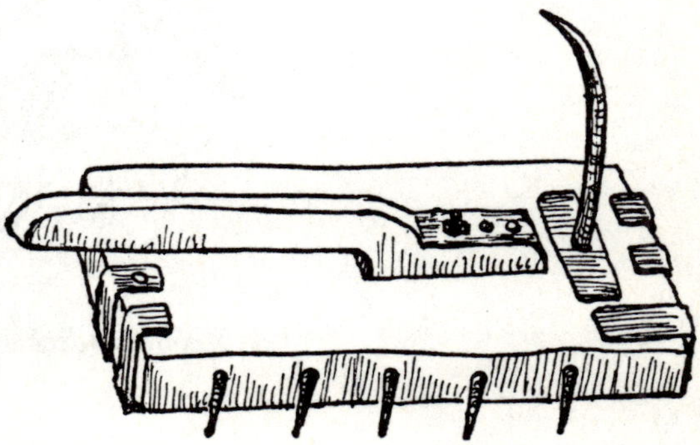

189 Schlagblatt, *Niederbayern, um 1900*

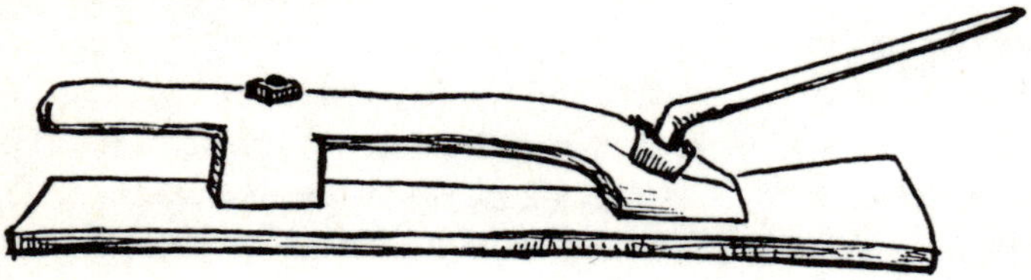

190 Strohdachdecker *bei der Arbeit (nach Peter Felder)*

bayerns lebten damals im Landkreis Mühldorf, einige auch noch im Landkreis Erding. Niederbayern konnte solche besonders für die Straubinger und Deggendorfer Gegend nachweisen. In der Oberpfalz lebte noch ein des Strohdachdeckens kundiger Dachdeckermeister in Eichenhofen bei Seubersdorf, Lkr. Neumarkt i. d. OPf. Im Münchberger Bezirk, in dem damals noch relativ viele Strohdächer erhalten waren, gab es keine berufsmäßigen Strohdecker.

Heute sind Strohdächer nur noch resthaft nachzuweisen, wie etwa in Pasenbach bei Dachau und Scherstetten, Lkr. Schwabmünchen sowie in dem von dort nicht weit entfernten Mittelneufnach. Soweit heute alte strohgedeckte Anwesen museal erhalten werden, sind sie nach niederdeutscher, niederländischer und dänischer Art mit Reet gedeckt, da dieses ungleich dauerhafter als Stroh ist. Wir nennen das Hirtenhaus in Bergham, Gde. Altenerding, die Wirtschaftsbauten des Edelmannshofes in Perschen, Gde. Nabburg und das sog. Watterbacher Haus in Breitenbach, Gde. Ottorfszell, Lkr. Miltenberg.

Um aber auf das Gerätekundliche zurückzukommen, so ist darauf hinzuweisen, daß bisher leider nur wenige Museen Dachdeckergerät gesammelt haben. Man sollte unbedingt versuchen, die letzten Sachzeugnisse dieser Art noch einzusammeln. Auch ein entsprechender Dokumentarfilm wäre herzustellen, der die Arbeitsvorgänge zeigt, deren Beschreibung allein nie so anschaulich sein kann.

So wie hier eine Musterbeschreibung für die Flachsbereitung und das Strohdachdecken gegeben wurde, an Hand derer die jeweils örtlichen Abweichungen festgestellt werden können – gemeint sind Varianten in der Terminologie, in den Werkzeugformen und in den Arbeitsvorgängen – so sind derartige Beispiele für alle übrigen Themen des Gerätewesens aufzustellen. Einen sehr wertvollen Beitrag hat beispielsweise das von Martha Bringemeier geleitete Westfälische Institut für Volkskunde für das Brotbacken geliefert.

Das Werkzeug des Strohdachdeckers ist wie auch die Technik des Deckens über weite Gebiete Europas ähnlich. Dennoch scheint eine kleinräumige Bestandsaufnahme in Bayern noch lohnend. Sie müßte von den letzten Strohdachgebieten Bayerns ausgehen.

Über die Spätzeit des Strohdachdeckens in Niederösterreich berichtet ein Aufsatz von Franz Maresch. Er hat weitgehend auch für Bayern Gültigkeit.

Wagen und Karren auf dem Bauernhof

Transport

Transport

Eine eigene Sachgruppe stellt das Transportwesen im weitesten Sinne dar, mit seinen Tragegeräten für Menschen und Tiere, besonders mit seinen Wagen und Karren, Schlitten und Schleifen, Nachen und Kähnen, Triften und Floßen, Aufzügen und Materialseilbahnen. Man kann hier ebenso wie beim Rechen- und Holzschuhmachen, beim Brotbacken und Weben von den Gegenwartsverhältnissen ausgehen.

Handtragkörbe

Eine Gruppe für sich bilden die Handtragkörbe (Henkelkörbe), die sicher nicht nur in Oberfranken hergestellt wurden. Ein charakteristischer *Henkelkorb* mit S-förmigem Umriß, vielfach mit Lederornamenten appliziert, scheint südlich der Donau weit verbreitet gewesen zu sein. Er scheint seine Blütezeit zwischen 1800 und 1840 gehabt zu haben. Neben diesem Henkeltragkorb war in der gleichen Zeit in Altbayern und Schwaben eine mehr taschenförmige Art üblich, die sog. *Zegerer* oder *Zöger*, die häufig ebenfalls mit Leder benäht und vielfach datiert sind. Unsere Heimatmuseen verfügen über mehr oder weniger große Bestände hiervon. Weniger zahlreich dagegen sind die runden, ebenfalls geflochtenen und mit Lederstücken benähten *Flaschentragkörbe*. Für Altbayern und Bayerisch-Schwaben sind schließlich noch eingriffige *Handkörbe* mit halbkreisförmigem Dekkel, ebenfalls lederappliziert, zu nennen, die wohl in verschiedenen Werkstätten hergestellt wurden (Beispiele u. a. in den Museen in Nördlingen und Dachau sowie im Bayerischen Nationalmuseum in München).

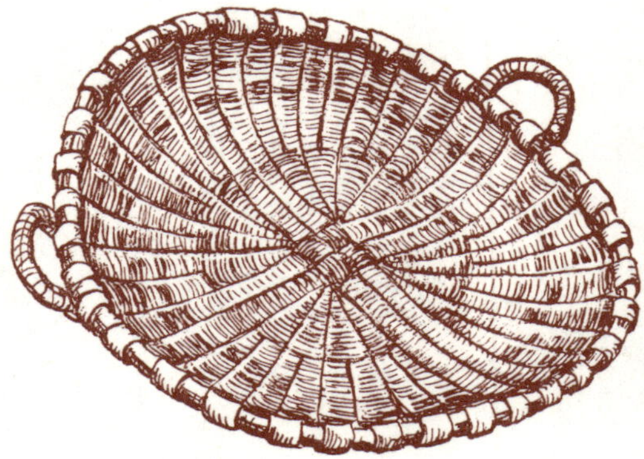

***191 Getreideschwinge** (Wanne), Oberfranken, Ober- und Niederbayern*

***192 Handkorb,** 1. Hälfte 19. Jh., Heimatmuseum Schrobenhausen/OB*

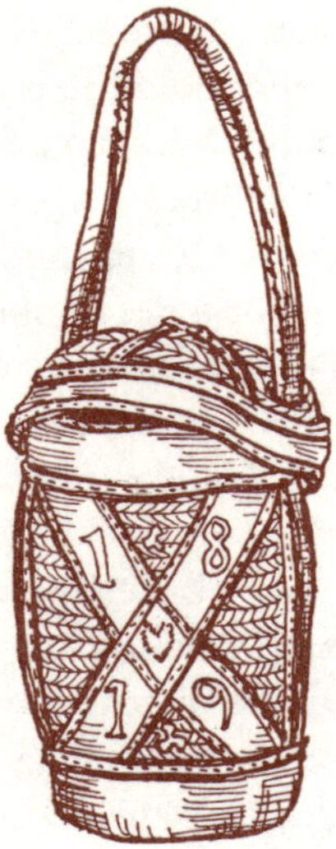

193 **Flaschentragkorb,** *datiert 1819, Heimatmuseum Straubing/NB*

194 **Handtasche** *(sog. Zegerer, Zeger, Zöger), datiert 1818*

Rückentraggeräte

Wenn dem Geräteforscher eine Beerensammlerin begegnet mit Eimer und Beerenriffel aus Plastikmaterial, so wird er zunächst maßlos enttäuscht oder entmutigt sein. Es ist aber nicht schwer herauszufinden, daß bis vor kurzer Zeit noch die hölzerne Beerenriffel mit eisernen Zähnen oder sogar die ganz aus Holz gefertigte Riffel in Gebrauch und als Tragegerät die hölzerne, sich konisch nach oben erweiternde *Tragebutte* bekannt waren. Diese hölzerne Butte als Tragegerät ist am meisten noch aus den Weinbaugegenden bekannt. Im großen Rahmen überschaut man die Formenwelt der Tragebutten am besten in der Romania, wofür die Publikationen von Paul Scheuermeier, Fritz Krüger und seinen Schülern zur Verfügung stehen. In Unterfranken war die hölzerne Tragebutte neben der kupfernen auch für das Wassertragen noch im 19. Jh. eingesetzt, und das bekannte Lied von der Eierfrau aus München, der »Gretel mit der Butten«, erinnert daran, daß die Münchener Eierverkäuferinnen solche Tragebutten besaßen. Wasser wurde in München, nach alten Darstellungen zu urteilen, auch in hölzernen *Zubern* an einer Stange getragen. Die vor allem im Alpengebiet übliche *Kraxe,* ein hölzernes Tragegestell, im Alemannischen *Reff* genannt, wird heute nicht mehr benützt. Als *Hausiererkraxe (Kopfkraxe)* ist sie uns in den Museen Oberammergau und Berchtesgaden erhalten.

Transport

Am meisten verbreitet, vor allem im Fränkischen, ist der *Rückentragkorb*, der heute noch in der Rhön, der Lichtenfelser und der Forchheimer Gegend hergestellt wird. Die im Münchener Straßenbild immer wieder auftauchenden Krenweiber tragen solche oberfränkischen *Huckelkörbe*. Sie wurden bis vor kurzem u. a. in Thurn bei Forchheim geflochten.

Aus alten Inventaren wissen wir, daß die *»Spitz-* und *Graskirm«* (-korb) im Bayerischen Wald allgemein verbreitet war. Sie muß den Tiroler und Pinzgauer Körben dieser Art ähnlich gewesen sein. Während sie aber dort heute noch das Bild des Alltags beherrscht, ist sie aus der Bayerwaldlandschaft verschwunden. Nachsuche auf Bauernhöfen bringt mehr quadratische Rückentragkörbe zum Vorschein.

Greift man nochmals auf das Beispiel der Beerensammlerin zurück, dann muß man sich fragen, ob etwa die hölzerne Butte spangeflochtene *Kürben* als Vorläufer hatte und ob einst etwa kleine *Beerenkörbchen* aus Wurzelgeflecht, wie sie heute noch in Tirol üblich sind, bekannt waren. Auch bei den oberfränkischen Huckelkörben ist die Frage, ob die heute noch bekannten Typen nicht erst in der Zeit zwischen 1860 und 1900 aufgekommen sind und jene S-förmig geschwungenen, weitbauchigen Rückentragkörbe abgelöst haben, die, mit Lederapplikationen versehen, im Germanischen Nationalmuseum in Nürnberg, im Bayerischen Nationalmuseum in München, in Hersbruck und Michelau usw. in großer Anzahl vertreten sind. Der Leiter des Hirtenmuseums in Hersbruck, Rudolf Wetzer, vermutet, daß sie bei Lauf oder Hersbruck hergestellt wurden, also mittelfränkische Erzeugnisse gewesen sind. Die älteste Form des fränkischen Rükkentragkorbes aber ist jene, die uns ein Holzschnitt von Jost Ammann, dem Nürnberger Graphiker in der Zeit um 1560, festgehalten und die sich im Original im Grenzgebiet Frankens gegenüber Baden und Hessen in guten Exemplaren erhalten hat. Mit diesem Rückentragkorb dürfte jene fränkische *Kötze* gemeint sein, die zu Beginn des 17. Jh. auf den Frankfurter Märkten vorkam. Auf jeden Fall ist die Sitte, Lasten auf dem Rücken zu tragen, in Franken offenbar seit Jahrhunderten fest eingewurzelt, während im Hessischen und Rheinpfälzischen das Tragen auf dem Kopf als eine bis heute gültige Form der Lastenbeförderung angetroffen wird.

Eduard Fentsch hat vor rund 110 Jahren diesen Gegensatz deutlich in Unterfranken beobachten können, vor allem für die Aschaffenburger Gegend und jenen Teil des Spessarts, der ehemals zu Mainz gehörte. Die Ostseite des Spessarts erweist sich somit auch von der Gerätekunde her gesehen als eine deutliche Kulturschranke. Eduard Fentsch sagt in seinem Bericht, die Dienstmädchen aus dem Aschaffenburgischen würden nicht gerne nach Würzburg in Dienst gehen, weil sie auf der einen Seite das Tragen von Huckelkörben nicht gewohnt waren, auf der anderen Seite aber sich geschämt hätten, mit Lasten auf

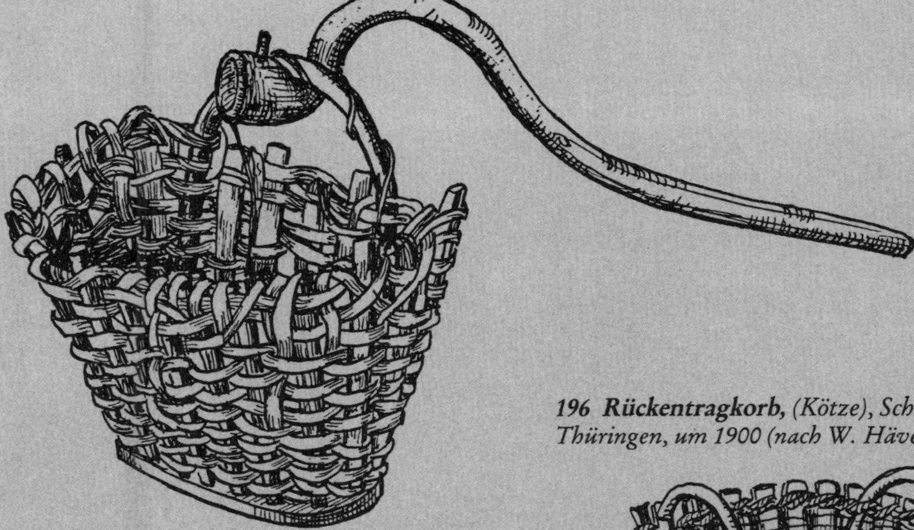

195 Spankorb *(mit Tragholz aus einem Wurzelstück), Sauerfeld im Lungau/Land Salzburg*

196 Rückentragkorb, *(Kötze), Schlegel/Thüringen, um 1900 (nach W. Hävernick)*

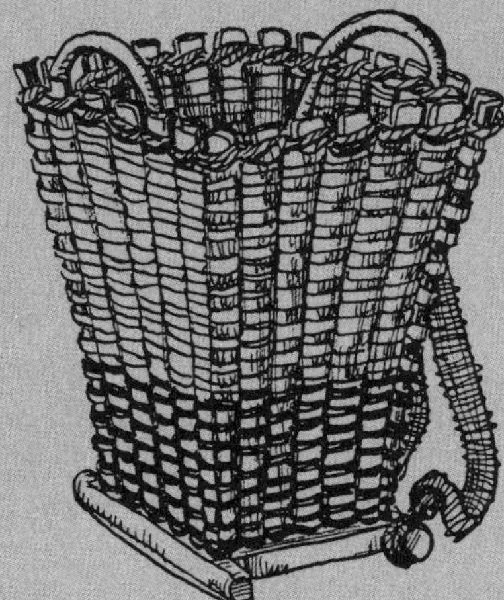

198 Tragkorb, *19. Jh., Rhön-Museum Fladungen/UF*

197 Rückentragkorb, *Mittelfranken, um 1840/50 (einst in der Gegend von Hersbruck, Lauf, Erlangen verbreitet)*

dem Kopf im Würzburger Straßenbild aufzutauchen.

Das Tragen von Lasten auf dem Kopf war im oberbayerischen Alpengebiet allgemein verbreitet. Vor allem die hölzernen *Almschaffln* wurden so befördert. Man bediente sich dabei eines *Tragekissens, Tragriedl* genannt, von dem Beispiele u. a. im Museum in Ruhpolding erhalten sind. Diese Tragkissen sind aber nie so reich ausgestattet worden wie etwa in Hessen. Wenn auf alten Abbildungen in München Mädchen erscheinen, die ein Holzschaff auf dem Kopf tragen, so ist es möglich, daß es sich um solche aus der Gegend von Miesbach, Rosenheim oder Traunstein handelt, die auch in der Residenzstadt ihren heimatlichen Gewohnheiten treu geblieben waren. Man kann das Tragekissen sozusagen als Leitfossil benutzen: Überall dort, wo es sich erhalten hat, dürfte das Tragen auf dem Kopf einst bekannt gewesen sein, z. B. im Ries (Nördlingen) und im Bayerischen Wald (Freyung). Das Institut für Volkskunde der Kommission für Bayerische Landesgeschichte in München wird in Zusammenarbeit mit dem Deutschen Atlas für Volkskunde (früher Prof. Dr. Matthias Zender, jetzt Prof. Dr. H. L. Cox, beide Bonn) der Frage nach der geographischen Verbreitung dieser Tragesitte nachgehen.

Zusammenfassend ist also zu sagen: Die verschiedenen Arten Lasten zu tragen sind in Bayern noch nicht genau in ihrer geographischen Verbreitung untersucht. Das westliche Spessartgebiet kannte wie das benachbarte

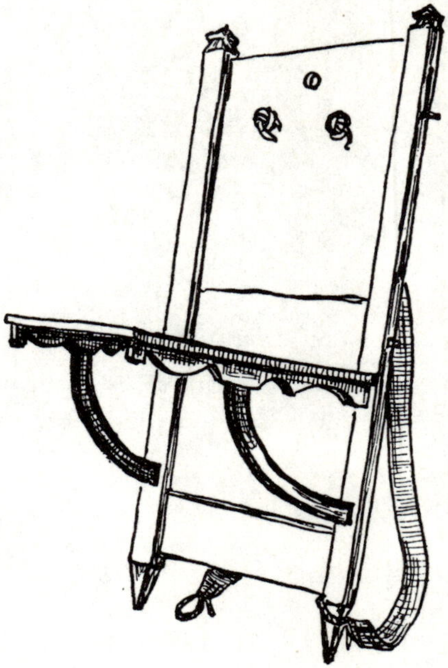

199 Kraxe, *Allgäu/Schw., 1. Hälfte 19. Jh., Heimatmuseum Sonthofen/Schw.*

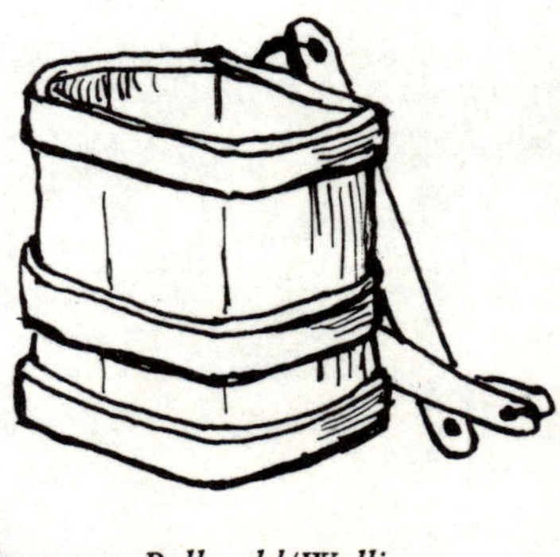

201 Mehlbrenten, *Bellwald/Wallis (nach Camill Schmid)*

rheinhessische das Tragen der Lasten auf dem Kopf. Mainfranken wie auch Oberfranken und Coburg-Land gehören zu einem großen mitteldeutschen Gebiet, das von den verschiedensten Formen der Rückentragkörbe bis zum heutigen Tag bestimmt wird. In ihren Typen sind sie mehrere Jahrhunderte alt. Für etliche liegen Bildbelege aus dem 16. Jh. vor. Im Weinbaugebiet kommt noch die ursprünglich hölzerne *Rückenbutte* dazu, die dort mit Sicherheit schon im 15. Jh. üblich war (Büttnerarbeit).

Soweit die Milch ins Tal getragen werden mußte, geschah dies in hölzernen *Butten* verschiedener Größe (von denen die Allgäuer Museen noch eine Reihe bewahrt haben). Bei noch größerer faßartiger Ausführung geschah der Transport mittels eines *Aperschlittens* (Beispiel im Museum in Oberstdorf). Daneben war das *Tragetuch* bekannt. Die »Bavaria« weiß aus der Zeit um 1860 aus der Gegend von Ebermannstadt zu berichten (Bd. III, S. 319): *»Zu Birkenreuth und Trainmeusel läuft einem manch ein Bauernweib in den Weg, das Kind auf den Rücken gebunden ...«*

Aus den ehemaligen (bis 1. 7. 1972 bestandenen) Landkreisen Sulzbach-Rosenberg, Eschenbach, Kemnath und Neustadt a. d. Waldnaab notiert Eduard Fentsch (Bavaria. Landes- und Volkskunde des Königreiches Bayern. München 1863. Bd. II, S. 185.) folgendes:

Die Bauernfrau trennt sich gemeinhin nur beim Kirchgang von dem »grünen Tuch«. Das ist ein großes shawlähnliches Stück grünen Wollzeuges, das dreieckig zusammengeschlagen und so über den Rücken geworfen wird, daß die Enden unter der Achsel weglaufen und hinten geknüpft werden können. Auf solche Art bildet es am Rücken einen Sack, in welchem alles, was zum Hausbedarf gehört, heimgetragen wird. Es vertritt also die Stelle des sonst üblichen halbrunden Rükkentragkorbes (sog. Kerben). Den Handkorb kennt die Bäuerin nicht.

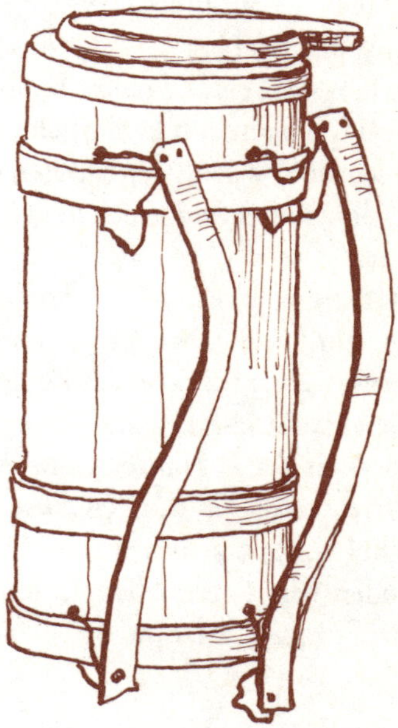

200 **Milchbrenten,** *Bellwald/Wallis (nach Camill Schmid)*

Wasser- und sonstige Behältnisse

Der Wasserleitungsbau verdrängte nach und nach in den Dörfern den Pump- und Laufbrunnen. Am längsten hielt sich der Laufbrunnen im Alpenraum und im Bayerischen Wald, wo er auch in der 1. Hälfte des 20. Jh. noch üblich war. Das Tragen von Wasser in *hölzernen Eimern* oder *Bitschen* an einer Stange war in Oberbayern und wohl auch in Oberschwaben bekannt. In Franken trug man das Wasser auch in *kupfernen Rückentraggefäßen* ins Wohnhaus (vgl. Beispiele u. a. in Wunsiedel).
Neben den *strohgeflochtenen Feuerwehreimern* (Ringwulsttechnik, ähnlich wie bei den Bienenkörben) war in den Städten im 18. und 19. Jh. der *Ledereimer* noch allgemein bekannt.
Sehr wichtig wäre es, die Verbreitung von großen, *kupfernen Standgefäßen* für den Wasservorrat im fränkischen Bürgerhaus über den fränkischen Raum hinaus zu untersuchen. Von der 2. Hälfte des 16. Jh. an bis zur Mitte des 19. Jh. dürften diese Standgefäße vorherrschend gewesen sein. Ihr Verschwinden hängt ebenfalls mit dem Bau der Wasserleitungen zusammen.

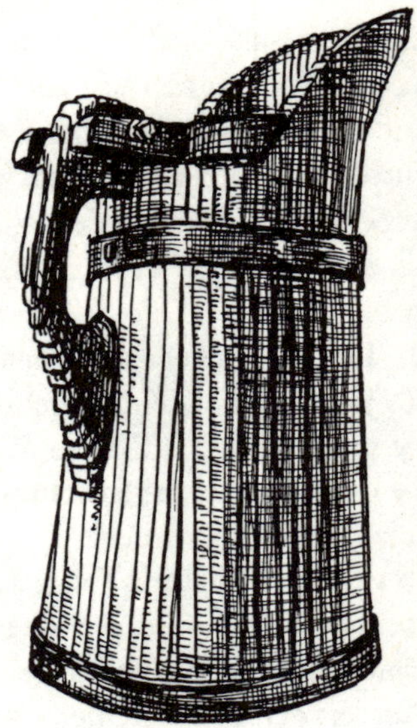

203 ***Holzbitsche,*** *Heimatmuseum Ruhpolding/OB*

202 ***Feuerwehreimer*** *(Spiralwülste aus Stroh), Frankenwald/OF, 19. Jh. (in vielen Heimatmuseen vorhanden)*

204 **Holzbitsche,** *Mittelfranken, Heimat- und Hirtenmuseum Hersbruck/MF*

205 **Holzgießkanne,** *19. Jh., Heimatmuseum Oberstdorf/Schw.*

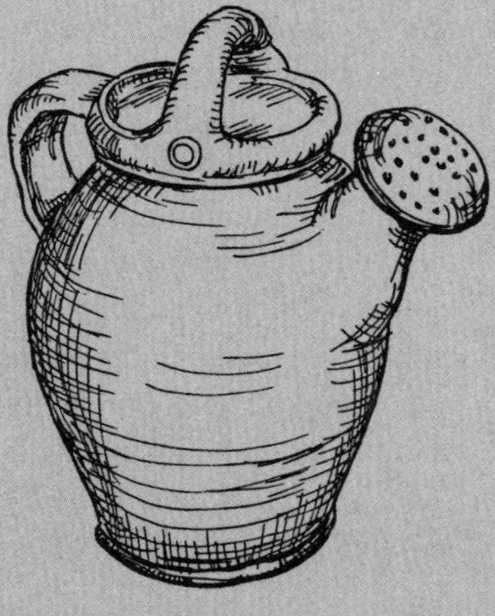

206 **Gießkanne** *(Ton), 19. Jh., Heimatmuseum Pfarrkirchen/NB*

207 **Büttern** *(»Biderer«, »Püttrich«; zum Wasserbefördern), Berchtesgaden/OB (nach »Das Kunstholzhandwerk«)*

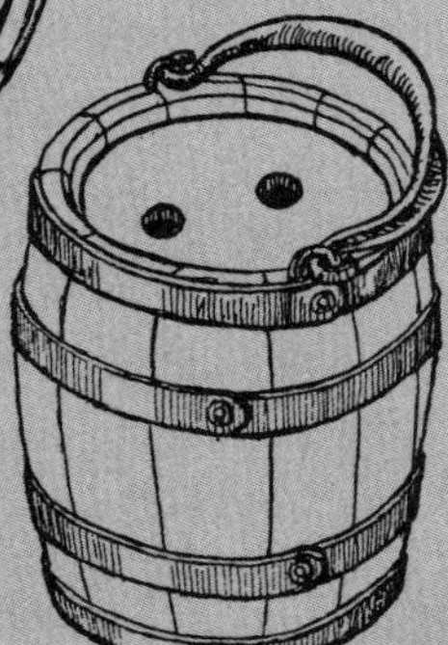

208 **Wasser- oder Weinfaßl,** *Heimatmuseum Oberstdorf/Schw.*

209 **Fischlagel** *(zum Befördern von lebenden Fischen), Berchtesgaden/OB (nach »Das Kunstholzhandwerk«)*

Anspanngeräte

Im Zusammenhang mit den Transportmitteln sollen auch die Anspannvorrichtungen betrachtet werden, besonders die Rinderanschirrgeräte.
In Bayern ist mindestens seit dem Ausgang des Mittelalters, höchstwahrscheinlich schon wesentlich früher, das Doppeljochgespann mit Ochsen üblich, und zwar mit *Kopfzuggeschirren.* Als solche wurden, wie uns viele Bilder zeigen, *Genick*- und *Stirndoppeljoche* verwendet. *Widerristjoche* wurden nicht festgestellt. Die Befestigung des *Doppeljoches* geschah ursprünglich mit einer starken *Lederschlaufe*. Der Zug erfolgte ohne Stränge nur mit dem *Zieter (Deichsel)*. Aus der gleichen Zeit liegen uns auch viele Belege für das Zweiergespann mit Pferden vor, deren Zugvorrichtung allerdings nicht aus Joch und Zieter, sondern aus *Kummet* und *Zugsträngen, Waagscheit* und *Zugscheiten* bestanden hat. Daneben haben Kühe unter dem Doppeljoch Wagen und Pflug gezogen. Eine Sonderform stellt in Oberbayern das sogenannte Bauerngespann, ein Zweiergespann aus Roß und Ochs dar; daneben war auch ein Gespann aus Ochs und Kuh möglich.
Das Doppelgespann ist in Altbayern die Regel. Das Einzelgespann beschränkte sich auf die Arbeit mit dem Häufelpflug, das Dreiergespann und das Vierergespann waren die Ausnahme, doch nicht unbekannt (vgl. Vierergespann auf dem Grabstein von Milbertshofen).
Das Verhältnis von Rinderbespannung zur Pferdebespannung für die Zeit um 1900 in Bayern bedarf noch näherer Untersuchung.
Die Genickdoppeljoche weisen einen beson-

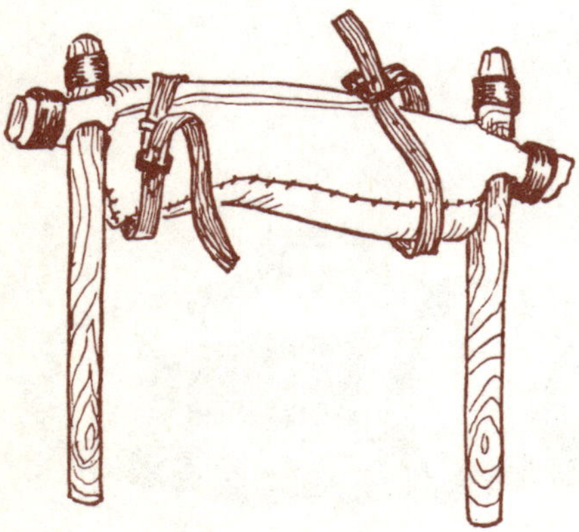

210 ***Büffel*** *(Stirnjoch; ältere Form), Rottal/NB, 19. Jh., Heimatmuseum Pfarrkirchen/NB*

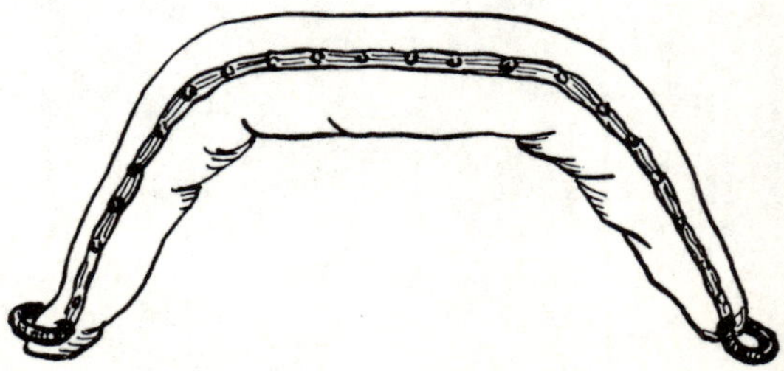

211 ***Büffel*** *(»Stirnbladl«; jüngere Form), Rottal/NB*

deren Formenreichtum auf, auf den Wolfgang Jacobeit wiederholt aufmerksam gemacht hat. Er bringt u. a. Beispiele aus der Rhön und aus Marktbreit, Lkr. Kitzingen. Für unser Gebiet ist von besonderem Interesse der Bericht über Rinderanspannungen im Gebiet des Böhmerwaldes von Jaroslav Kramarik.

Das Doppeljoch aus dem Frankenwald in der Sammlung Steinbach a. Wald, Lkr. Kronach (jetzt Bayreuth) ist mit einem von Karl Rumpf veröffentlichten Doppeljoch aus dem Vogelsberggebiet (Hessen), einem von Wolfgang Jacobeit und Rudolf Quietzsch beschriebenen Genickdoppeljoch aus Tann/Rhön im Heimatmuseum Gotha sowie einem Genickdoppeljoch aus Kaltenlengsfeld/Rhön (Thüringen) im Berliner Volkskundemuseum zu vergleichen.

Alle vier Joche dürften *einer* Werkstatt entstammen. Einem weiteren Genickdoppeljoch aus Marktbreit, Lkr. Kitzingen entsprechen, wie Wolfgang Jacobeit nachgewiesen hat, Joche des Hirtenmuseums in Hersbruck. So zeichnet sich für den Norden Bayerns schon jetzt eine hessisch-thüringische und eine mainfränkische Formengruppe ab.

Die Genickjoche sind auch Gegenstand erneuter Forschung im Rahmen einer gesamteuropäischen Untersuchung dieses Gerätes. Unsere bayerischen Museen besitzen glücklicherweise reiches Material zu diesem Thema. Im Unterschied etwa zu Kärnten und Südtirol wird das Doppeljoch in Bayern jedoch schon lange nicht mehr benutzt. Man weiß leider bis heute auch nur sehr wenig darüber, wer diese Joche hergestellt und verziert hat.

212 ***Genickdoppeljoch,*** *Thann/Rhön, Heimatmuseum Gotha/Thüringen*

213 ***Genickdoppeljoch,*** *Pferdsdorf/Rhön, Stadtmuseum Weimar/Thüringen*

214 **Genickeinzeljoch,** *Pferdsdorf/Rhön, Stadtmuseum Weimar/Thüringen*

215 **Genickdoppeljoch,** *Marktbreit/UF, Museum für Volkskunde, (Ost-)Berlin*

216 **Doppeljoch,** *um 1860/70, Sammlung Steinbach a. Wald/OF*

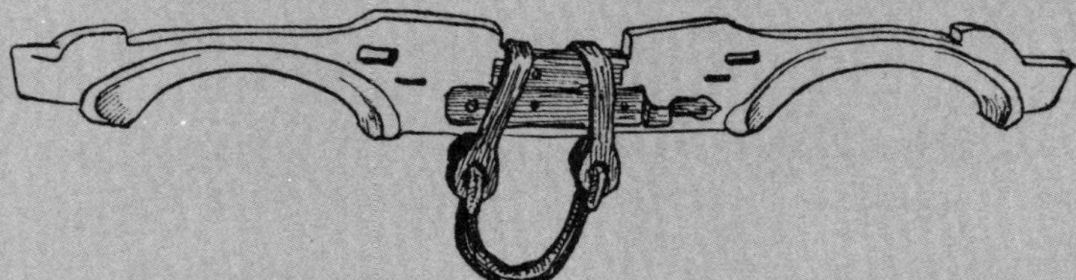

217 **Ochsenjoch** *(Doppeljoch), Niederbayern, Heimatmuseum Pfarrkirchen/NB*

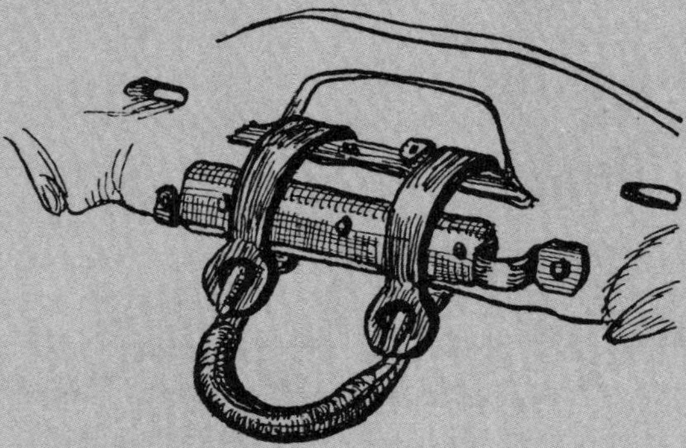

218 **Einhängevorrichtung** *eines Doppeljochs (Detail), Niederbayern, Heimatmuseum Pfarrkirchen/NB*

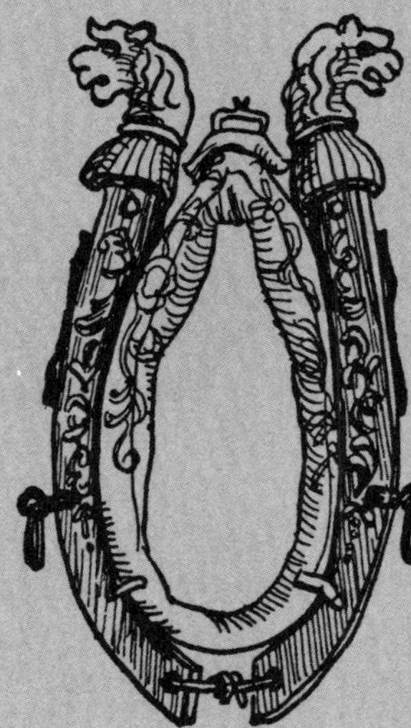

219 **Pferdekummet** *(Sattlerarbeit), Oberbayern, um 1800, Heimatmuseum Bad Tölz/OB*

Karren und Wagen

Heinrich Hedeler läßt in den »Mitteilungen des Vereins Oberpfälzisches Bauernmuseum e. V.« Nr. 7 vom März 1968 den ehemaligen, 1886 geborenen Wagnermeister und Landwirt Johann Weigert aus Wolfring, Lkr. Nabburg zu Wort kommen. Dieser betrieb neben seiner Wagnerei noch eine kleine Landwirtschaft mit 13 Tagwerk Nutzfläche. Seine Schilderung bezieht sich auf die Verhältnisse um 1900. Sie vermittelt uns einen Einblick in die Herstellung und Verwendung des *Leiterwagens* und seiner Bestandteile sowie anderer landwirtschaftlicher Transportgeräte:

Leiterwagen

Damals hatten die landwirtschaftlichen Betriebe der umliegenden Ortschaften jeweils 1–4 »Blößlinge« (von bloß, ohne Aufbau). Die Kleinlandwirte mit Kuhanspannung kamen mit einem Blößling aus, die Bauern mit 20 bis 30 ha landwirtschaftlicher Nutzfläche, die Ochsen (nur vereinzelt Pferde) einspannten, besaßen 4 Blößlinge in verschieden starker Ausführung. Die Gutsverwaltung Wolfring (100 ha landwirtschaftliche Nutzfläche) verwendete 12, darunter 4 »Broatloasling« (breitgeleisig – die Radreifen hatten 10 cm Breite, um auf nassen Wiesen weniger einzusinken). Der Blößling ähnelte unserem heutigen Geräteträger. Er wurde je nach Bedarf mit verschiedenen Aufbauten ausgestattet:

1. Zum Mistfahren wurde er mit einem Bodenbrett und den seitlichen Mistbrettern ausgerüstet. Gewöhnlich waren die Mistbretter für 2 Blößlinge vorhanden, damit während des Ausfahrens schon wieder zu Hause aufgeladen werden konnte. Der Mist wurde mit der vierzinkigen Mistgabel aufgeladen und mit dem Schlagbrett festgeklatscht, damit auf den holprigen Wegen nichts verloren ging. Auf dem Feld hob man das linke Seitenbrett hinten an und zog mit dem vierzinkigen »Mistkrail« (Mistkralle) Haufen für Haufen in Abständen von 5–6 m ab. War aller Mist ausgefahren, wurde er »gebreitet«, d. h. die Haufen wurden möglichst gleichmäßig mit der Mistgabel verteilt und anschließend untergepflügt.

2. Zum Odelfahren wurde ein hölzernes Odelfaß, das der Büttner lieferte, auf den Blößling gelegt. Von Hand mußte der Odel mit der »Schapfa« in das Faß geschöpft werden. Hinten war das Faß mit einem Holzstöpsel verschlossen, der auf dem Feld herausgeklopft wurde. Wer dabei nicht flink zur Seite sprang, wurde naß!

3. Die »Erdäpfeltruha«, ein Kastenaufsatz, ermöglichte den Transport schwerer Schüttgüter. Gewöhnlich war nur ein einziger Kasten vorhanden, da keine großen Kartoffel- oder Rübenmengen zu transportieren waren und außerdem die Kartoffeln häufig abgesackt gefahren wurden.

4. Bei der Heuernte wurden auf 2 Blößlinge je ein Paar »Heiloitern« (Heuleitern) gelegt. Das Heu wurde von den Männern mit eiser-

Mistbeförderung mit dem Leiterwagen (ohne die Leitern)

nen, dreizinkigen Gabeln auf den Wagen gespießt und von Frauen und Mägden geladen. Sobald der Raum zwischen den Leitern voll war, wurde – an den Ecken beginnend – die Fuhre so geschlichtet, daß jede Schicht Heu von der weiter innen liegenden belastet und damit festgehalten wurde. Dabei wurde das Heu ständig festgetreten. War die Fuhre fertig, legte man den »Wiesbaam« darüber und befestigte ihn mit seinem dickeren Ende vorne mit einer Kette am Wagen. Hinten wurde er mit Seilen bespannt und festgebunden. Er verhinderte das Herunterfallen des Heues auf den schlechten Wegen. Die meisten setzten hinten und vorne noch zusätzlich »Streugatter« auf. Die Vilstaler Bauern, die das Heu weit fahren mußten, verwendeten Heuleitern, bei denen in der Mitte – in genügendem Abstand von den Rädern – die Sprossen fehlten. In diesen Öffnungen hingen senkrecht Seile, die mit Heu gefüllt die beiden »Beich« (Bäuche) bildeten. Es konnte dadurch mehr Heu aufgeladen werden und der Schwerpunkt der Fuhre lag sehr tief.

[5.] In der Umgebung von Falkenstein sparten die Bauern das Eisen für die »Leistenringe«, die die Heuleitern zwischen Kipf und Leiste hielten und fertigten sie aus Ochsenziemern selbst an.

Für die Getreideernte wurden ebenfalls die Heuleitern auf den Blößling gelegt. Auch der Wiesbaum und die Streugatter wurden dabei verwendet. Die Garben spießte man mit Mistgabeln.

[6.] Auf jedem Hof war außerdem noch ein Paar »Strahloitern« (Streuleitern) vorhanden. Damit wurde die Waldstreu, meist mit 4 Ochsen als Anspannung, gefahren. In der gleichen Ausrüstung wurde der Wagen auch zum Grünfutterholen verwendet.

Der Wagner mußte bei seiner Arbeit sehr genau sein. Einfache Haltevorrichtungen und dgl. halfen ihm dabei. Um ein Rad anzufertigen, waren etwa 14 Stunden erforderlich. Es kostete 14 Mark.

Waagbaum und Waagscheite
Auch das Zubehör zum Wagen lieferte der Wagner: Die Waage zum Anspannen der Zugtiere bestand aus dem »Waagprügel«, an dem die beiden »Zugscheitl« (bei zweispänniger Anspannung) hingen. An deren Knebeln wurden die Stränge der Zugtiere befestigt. Auf jedem Hof waren mehrere Waagen in verschieden starker Ausführung vorhanden. Für schwere Arbeiten gab es auch Waagen zum Dreispännigfahren.

Schub-, Mist- und Graskarren
Für die Hofarbeiten wurden Schubkarren angefertigt: Mistkarren, der »Truchakarren« und ein leichter Schubkarren für Transporte auf dem Hof und auf der Straße. Z. B. wurden Ferkel mit dem Schubkarren zum 13 km entfernten Markt gefahren. Da die Ställe meist mit Bruchsteinen gepflastert und eng waren, wurde der Mist oft auf Misttragen, die auch der Wagner anfertigte, von zwei Personen aus dem Stall getragen.

Karren und Wagen sind, wie Pflug und Egge auch, ein Gemeinschaftswerk der beiden wichtigsten Dorfhandwerker, des Wagners und des Schmieds. Beide waren unentbehrlich. Ein Bauer konnte vielleicht den Kasten eines *Schubkarrens*, niemals jedoch das vom Wagner zu fertigende und vom Schmied zu beschlagende Holzrad herstellen.
Über die Dorfwagnereien in Bayern ist bisher nur wenig bekannt. Auch die Dorfschmieden müssen in Bayern noch näher untersucht werden. Nur die hausgewerblichen Nagelschmieden des Ostrachtales (Lkr. Sonthofen) wurden bisher von Viktor Schmitt monographisch dargestellt (Viktor Schmitt, Die Nagelschmieden des Ostrachtales. München 1957.).
Über die Scherperschmiede der Gemeinde Kiefersfelden hat Hans Moser in seiner »Chronik von Kiefersfelden« wertvolles Material veröffentlicht. Scherper ist ein kleines Schnitzmesser, wie es auch von den Berchtesgadener Schnitzern und Gadelmachern noch in der Mitte des 19. Jh. benutzt wurde.

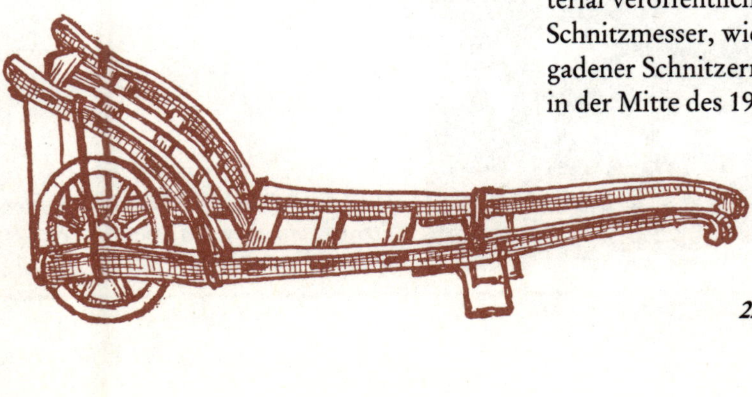

220 ***Graskarren,*** *Niederbayern*

Die Schellenschmieden wurden bereits bei der Tierhaltung behandelt. Mit dem Hufschmied und dem Hufeisen hat sich Werner Terlinger (Alte Hufeisen aus der Oberpfalz. In: Oberpfälzer Heimat 10 (1966), S. 11 ff.) befaßt. Die Schippenschmiede waren auf die Fertigung der Schaufeln der Schäferschippen spezialisiert.
Ebenfalls nicht untersucht sind die Erzeugnisse der Schmieden. Ein Verzeichnis aller an Kirchentüren angenagelten Hufeisen und ihre Untersuchung ist längst fällig. Die mittelalterlichen Bodenfunde an Äxten und Pflugscharen sind in Bayern noch nicht aufgearbeitet. (Die Sammlung und Bearbeitung der mittelalterlichen Keramik ist demgegenüber weiter vorangeschritten.)
Zu den frühesten Zeugnissen des Schmiedehandwerkes gehören die Eisenbänder an Kirchentüren (wie in Kreuzwertheim, Lkr. Marktheidenfeld) und an Truhen, wie die an einer Baumtruhe im Oberhausmuseum in Passau (aus Haag) oder an einem Baumschrank im Museum Erding (gegen 1500).
Fast gar nicht beachtet wurden bisher die in Eisenteilen und Beschlägen eingeschlagenen Ornamente, die von Dorfschmieden einst wie selbstverständlich angebracht wurden.
Auch das Zubehör von Karren und Wagen, das Bordwerkzeug und die Brems- und Wagenschuhe wurden in den bäuerlichen Schmieden hergestellt.

Hufschmied (links im Bild überdachter Pferdestand zum Festhalten der Pferde während des Beschlagens)

***221* Schubkarren** *(Radltruhe),*
Rottal/NB,
1. Hälfte 20. Jh.

***222* Odeltruhe** *und* **Holzschaff,** *Niederbayern,*
1. Hälfte 19. Jh.

***225* Wagenschuh,** *Niederbayern, 19. Jh.*

***224* Bremsschuh,** *Niederbayern, 19. Jh.*

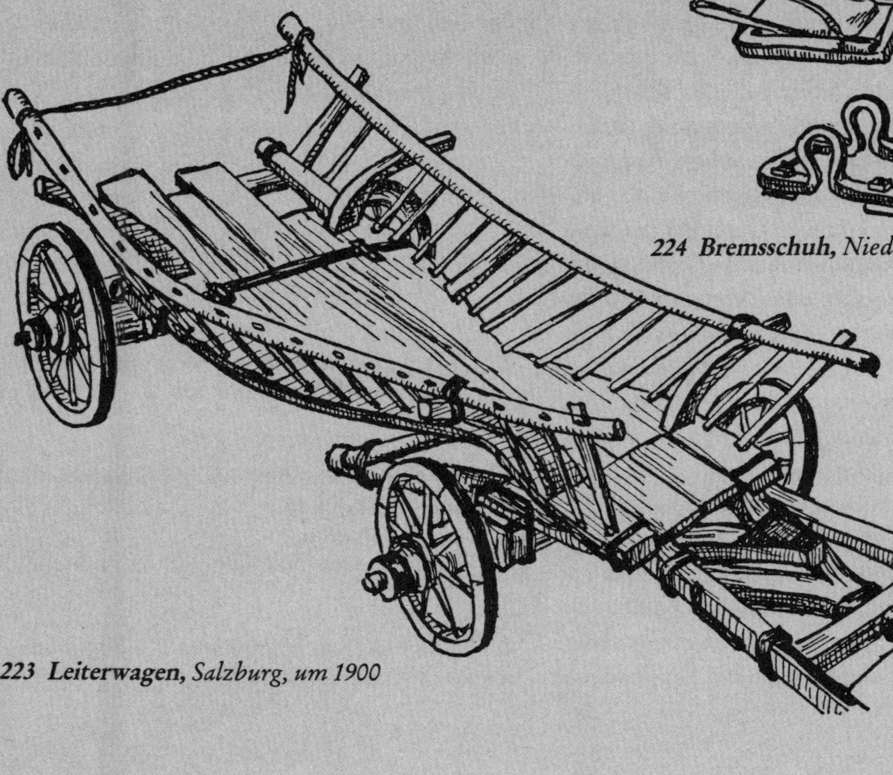

***223* Leiterwagen,** *Salzburg, um 1900*

Sommer- und Winterschlitten

Die Schlitten sind die letzten Großgeräte, die in dieser Zusammenstellung bäuerlicher Geräte ihren Platz haben. Sie müssen weit verbreitet gewesen sein; denn sie dienten den weniger wohlhabenden Bauern als Ersatz für die teueren Wägen. Zudem hatten sie den Vorteil, von den Bauern weitgehend oder ganz selbst hergestellt werden zu können. Dies dürfte besonders für die *Schleipfen*, also die Sommerschlitten, gegolten haben. Das ist wahrscheinlich auch der Grund dafür, daß sie in den Hinterlassenschaftsinventaren selten oder nie als Wertgegenstand in Erscheinung treten. Hier befinden sich die Schlitten in guter Gesellschaft mit den ebenfalls mehr oder weniger wertlosen Ackerwalzen, die überhaupt nicht Eingang in solche Inventare gefunden haben. Die hier abgedruckte »Übersicht über Tier und Gerät für den Feldbau aufgrund von Inventarien« (Auszug aus der Dissertation über die Pflüge in Altbayern von Helmut Sperber) zeigt neben einer Reihe wissenswerter Einzelheiten, z. B. der Beziehung von Hofgröße zu Zahl der Geräte und Spanntiere, wie selten die Schlitten in den Inventaren aufgeführt sind.
Von besonderem Interesse sind die *Arbeitsschlitten* in den waldreichen Gegenden unseres Landes. Sie wurden wohl in der Regel vom Dorfwagner und vom Dorfschmied (wie Pflug und Egge, Karren und Wagen) gebaut. Im Alpengebiet dürfte auch der Bergbauer in Verbindung mit dem Dorfschmied früher Hersteller gewesen sein. Die *Kinderschlitten* waren in der Regel Heimarbeit.
Belege für Schlitten befinden sich u. a. in den Heimatmuseen Bad Tölz, Ruhpolding, Zwiesel, Illerbeuren und Wasserburg a. Inn (hier Kinderschlitten mit Beinkufen).
Die Schlitten (für den Winter) und die Schleipfen (für den Sommer), auch Winter- und Sommerschlitten genannt, sind in Bayern überhaupt nicht bearbeitet. Zur ersten Orientierung muß man auf österreichische und schweizerische (vgl. die entsprechenden Karten des Schweizer Volkskundeatlasses) Arbeiten zurückgreifen.
Die *Schlittengeis (»Gaßlschlitten«)* ist ein zum Ausfahren benutzter Personenschlitten, dessen geringes Gewicht hohe Reisegeschwindigkeiten erlaubte.

226 ***Steinschleipfe*** *(zum Befördern von schweren Steinen), Landschaftsmuseum Schloß Trautenfels/Steiermark* ▷

227 ***Schlitten*** *(zum Holzschleifen), Samerberg bei Rosenheim/OB, 19. Jh.*

228 ***Schlitten*** *(zum Holzfahren), Uttlau im Rottal/NB*

229 ***Schlitten*** *(zum Holzziehen), Frasdorf bei Rosenheim/OB, 2. Hälfte 19. Jh.*

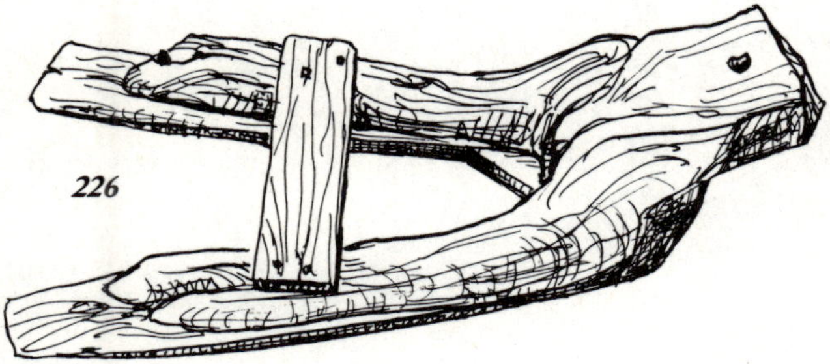

226

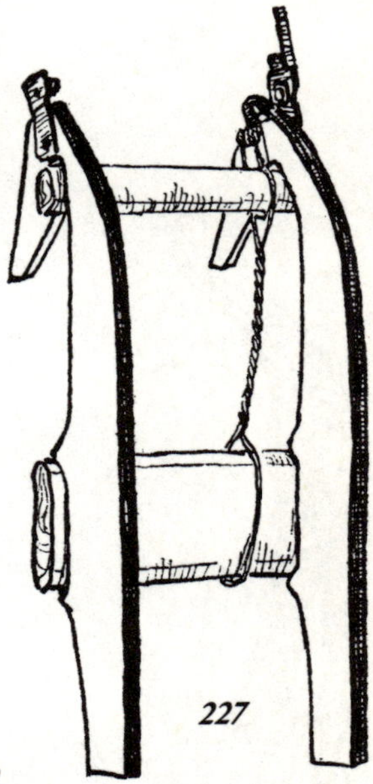

227

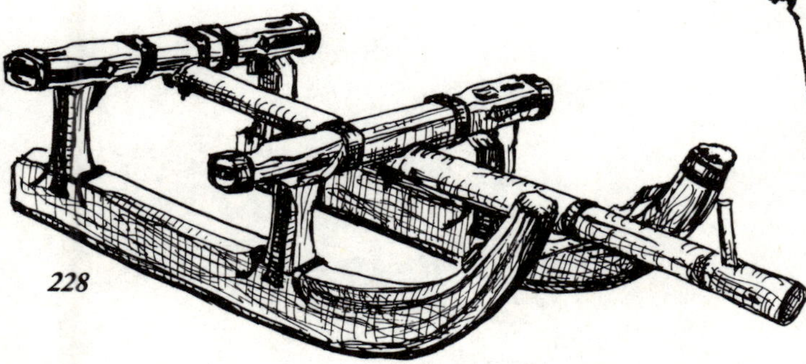

228

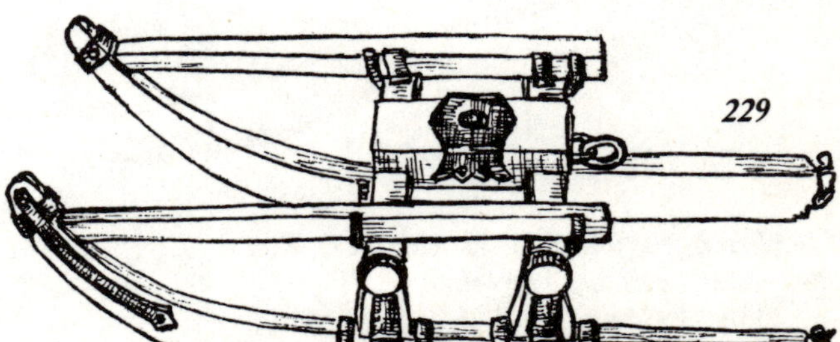

229

Transport

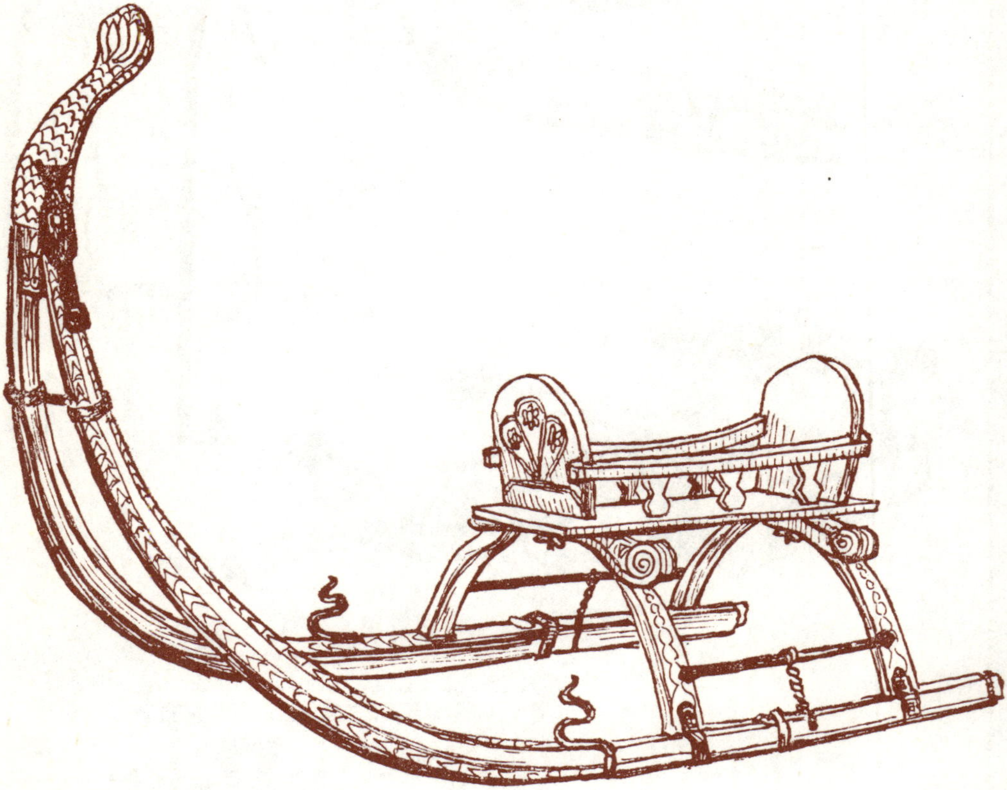

***230* Schlittengeis** *(österr. »Gaßlschlitten«), Rottal/NB*
18. Jh., Heimatmuseum Pfarrkirchen/NB

Übersicht über Tier und Gerät für den Feldbau aufgrund von Inventarien

Ort	Jahr	Hofgröße		Geräte									Verwahrort des Pfluges (zitiert)	Zugtiere		
		Hoffuß	Bezeichnung	Pflüge	Eggen	Bloßwagen	Schlitten	Zieter	Kummete	Roßgeschirre	Ochsenjoche	Ziegter		Pferde	Ochsen	Kühe
Oberpfalz:																
Haag	1628	1/16 ?	Zimmermeister	1		1							im Flez		2	2
Eiserszell	1649	1/8 ?		1	1	1	1			1	1		im Keller?	1	2	1
Schrollmühle	1679		Müller		1	1/2										
Haag	1692	1/32	Schneider				1									2
Senkendorf	1700	1/16		1		1							Schupfen		2	2
Haag	1702	1/32 ?	Häusler und Hüter													
Preißach	1718	1/1		2		2							Stadl		4	3
Stein	1735	1/2		2	2	1	2						Schupfen		8	3
Weiding	1742	1/32 ?	(blosses Trüpfhäusl)													
Lam	1773	1/2		1	2	1							Schupfen	1	2	4
Ballertshofen	1783	1/6	(Gütl)	2	1	1							Stadl	2		4
Naab	1791	1/2		2	2	2	3						Stadl		10	2
Niederbayern:																
Zinzenzell	1626	1/4 ?	(2 Leibgeding Sölden)	1	2	1				1		1	im Stahl		6	4
Wiesenfelden	1628	1/8 ?	(1 Sölde)	1	1	1							im Stadl		4	2
Wiesenfelden	1629	1/4 ?		1	1	1							im Stadl		2	2
Utzenzell	1633	1/2 ?		2	2	3	2				4	2			6	5
Bogenroith	1641	1/2		2	2	2					4		in der Schupfen		4	3
Sonnen	1652	1/32 ?	Häusler													1
Bogenroith	1654	1/4 ?														2
Osterhofen	1655			1	1				4				im Stadl	3		
Niederpöring	1663	1/8 ?	(Sölde)	1									im Stadl	1		2

Holzbeförderung mit Floßen

Holzgewinnung und Holzverarbeitung

Geräte zur Holzgewinnung und Holzverarbeitung

Wenn ein Buch der bäuerlichen Gerätewelt gewidmet ist, so sind in ihr selbstverständlich auch Werkzeuge eingeschlossen, die der Holzgewinnung und Holzverarbeitung dienen und gedient haben. Gerade im Rahmen dieser Sachgruppe sei darauf hingewiesen, daß in der bäuerlichen Wirtschaft früher eine außerordentlich innige Kenntnis der Hölzer und ihrer Eigenart lebendig war. Immer wieder lohnt es sich, auf den geradezu klassischen Bericht von Josef Blau in seinem Werk über »Böhmerwälder Hausindustrie und Volkskunst« hinzuweisen, der sich bei einem Häusler in Silberberg folgendes notierte:

Verwendung verschiedener Holzarten in der bäuerlichen Wirtschaft
Aus Tanne waren der Fußboden im Hause, Balken und Säulen der Scheuer, aus Spitzahorn und weißem Ahorn waren Senswarbe. Die Buche hatte ihr Holz geliehen zum Bau des Wagens, zu Teilen des Webstuhles, zu Hackenstielen, einem Schlegelkopfe, zur Klinke und zum Riegel am vorsintflutlichen Schlosse der Haustür. Die Birke erwies durch ihre Abstämmlinge die Egge, die Nägel im Senswarb, den Besen und die geflochtene Rute, das Zepter im Hause, eine scharfe herrische Art, während ihre größere Schwester Fichte geduldig, das reinste Mädchen für alles, Dippelwände, Sparren, Balken und Schindel [im Alpenraum wird den Lärchenholzschindeln der Vorzug gegeben] *zum Baue und Kasten, Bänke und Stühle zum Einrichten des Hauses gegeben hatte. Ihr Holz war ferner zu Kufgeschirr, ihre Stämmchen zu Rechenstielen, ihre Wurzeln zu den Kränzen der Futterkörbe, Schwingen und Ohmreitern, ihre Rinde zum Verdachen des Holzschuppens gebraucht worden. Und hunderte von dürren Stämmchen umfriedeten nach kurzer Kindheit, zu einem dichten Hachelzaune verflochten, den Garten. Aus Lärche war ein Kasten (Schrank), aus Kiefer eine Truhe (prächtig bemalt), aus Kirschbaumholz ein Tisch. Zum Webstuhl hatte die Linde das bis an die Stubendecke reichende Gerüst, Zwetschgenholz das Schifflein (die Schützen), Hundsrose, Himbeere und Holunder Zweck und Spulen dazu geliefert. Aus Ulmenholz fanden wir Speichen und Naben, aus Espe die Schienen der Futterkörbe, die Keile in den Holzwänden, aus Nußbaum und Weichsel Drischelhauben, aus Pappel Tröge, aus Eiche ein Viertelmaß, die Wetzsteine staken in erlenen Kümpfen. Der Besitzer des Gütleins wies mir noch ein Stemmeisen mit einem birnbaumenen Heft und eine Hacke, deren Stiel aus dem Holze eines wilden Apfelbaumes gefertigt war, dann mit Weide gebundene Brotkörbe und endlich drei Gehstöcke aus Haselnuß, Berberitze und Schlehdorn, von ihm selbst geschnitten. Dieser Häusler hatte also in seinem Hause 27 verschiedene Holzarten.*

Dabei ist anzunehmen, daß man bei der Untersuchung eines größeren Raumes noch wei-

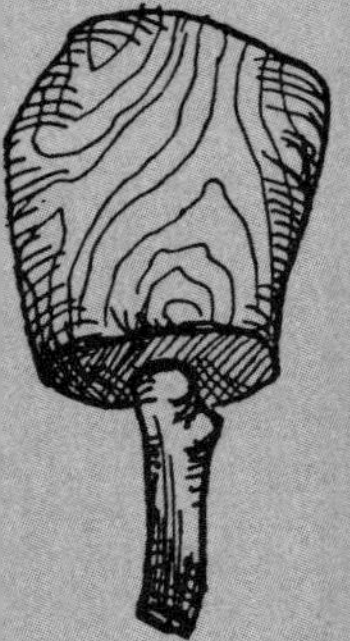

231

232

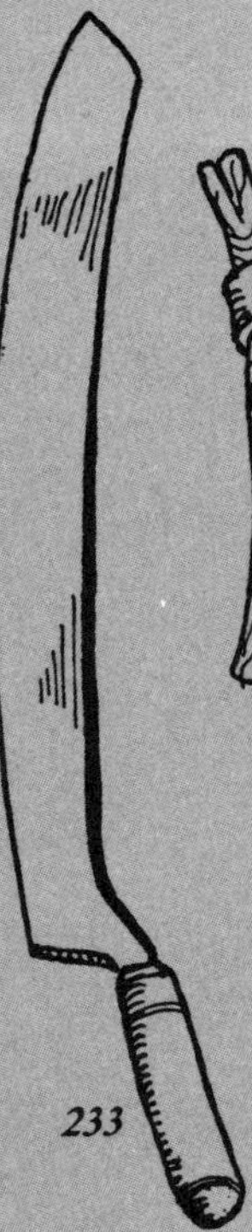

233

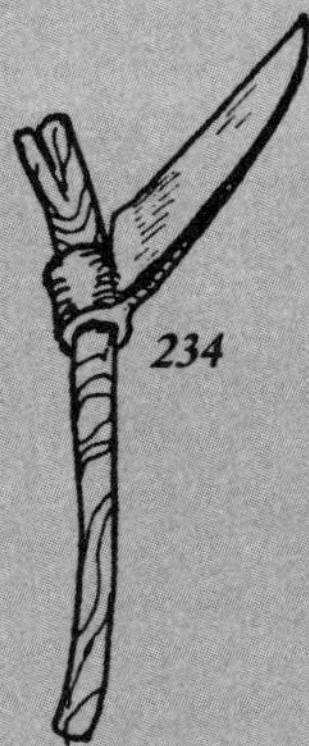

234

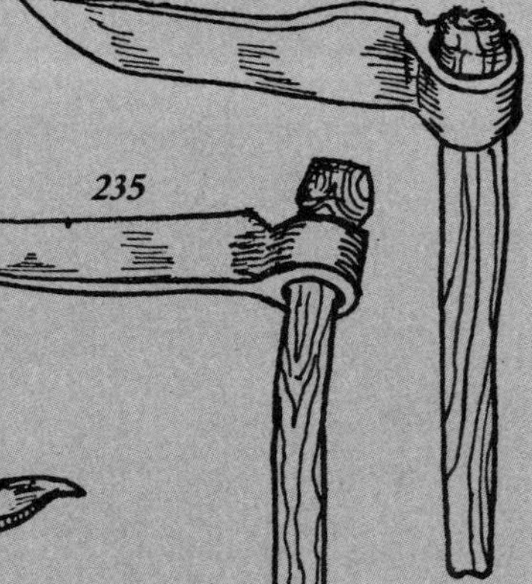

236

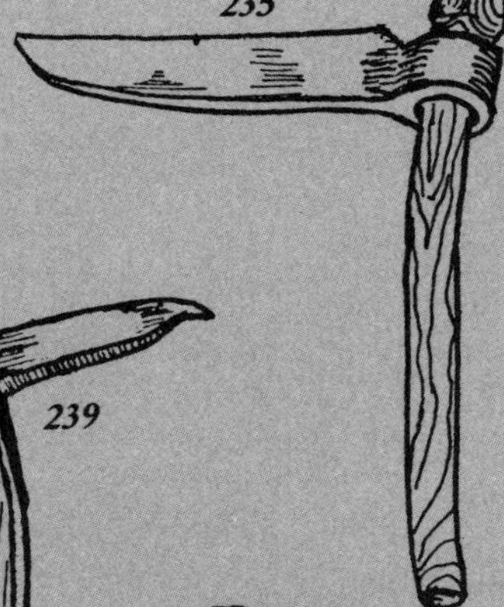

235

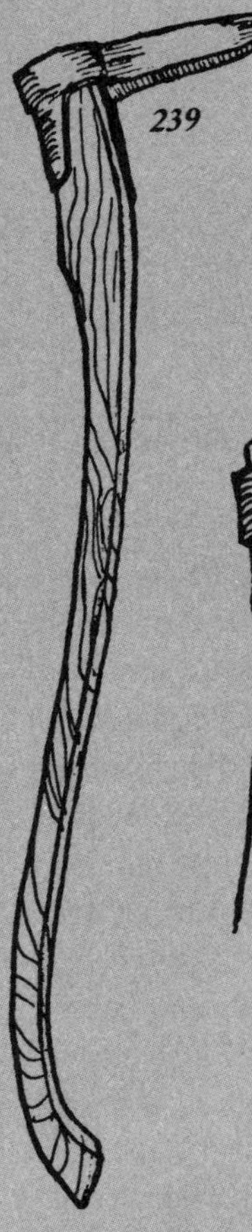

239

237

238

231 Holzschlegel *(für Stemmarbeiten verschiedener Art)*
232/233 Schwattmesser *(Praxn, Brachse; verwandt mit dem Südtiroler Rungglmesser und dem Kärntner Taßnpraxn; zum Abhauen von Fichtenzweigen)*
234 Schindeleisen
235/236 Schindeleisen *(bis zur Gegenwart bei der Schindelherstellung im Hausbetrieb in Benützung), 19. Jh., Heimatmuseum Wasserburg a. Inn/OB*
237 Hacke *(zum Rinnenhauen)*
238 Dechsel *(zum Mulden- und Rinnenaushauen)*
239 Zapin *(zum Holzrücken; von Bergbauern, Holzarbeitern und Flößern benutzt), Alpenvorland, Alpenland, Bayerischer Wald*
240 Baumsäge *(Waldsäge, Wiegensäge), 19. Jh.*

240

Holzverarbeitung (Behauen der Stämme mit der Fällaxt)

tere Holzarten in Verwendung finden würde, wie z. B. Eschenholz, das in der Aufzählung nicht vorkommt. Der Hinweis auf das Kirschbaumholz eines Tisches deutet darauf hin, daß es sich in diesem Fall um ein Biedermeiermöbel gehandelt haben dürfte, während die Tischplatte in der Bauernstube sehr häufig aus Ahornholz bestand. Typisch ist die Verwendung von Eiche für das Viertelmaß, da bei einem derartigen Gerät besondere Haltbarkeit und Unveränderlichkeit notwendig waren. Bei der Schilderung des Webstuhles erkennt man deutlich, daß das Gerüst offenbar an der Decke befestigt war, wie auch sonst in dem größeren Raum von Böhmerwald, Bayerwald und Mühlviertel üblich.

Das Thema der Holzgewinnung und Holzverarbeitung ist nahezu unerschöpflich. Unsere Abbildungen können nur die wichtigsten Werkzeuge anführen, unter denen von besonderem Interesse der *Zapin* sein dürfte, der auch im oberbayerischen und allgäuischen Gebiet allgemein vertreten ist, aber offensichtlich durch die Forstverwaltung auch nördlich der Donau in den weiten Waldgebieten bekannt wurde. Der Zapin läßt sich vorläufig nur bis in das Spätmittelalter zurückführen.

Vom *Schindeleisen,* einem ausgesprochenen Spaltwerkzeug, möchte man höheres Alter annehmen, zumal, da das radiale Spalten der Baumstämme eine alte, dem Sägen der Baumstämme vorausgehende Technik ist.

Der *Dechsel (Hohlbeil)* war ebenso wie die *Axt* seit der Antike bekannt und überall dort, wo Rinnen und Mulden gehackt wurden, in Benützung.

241 **Heinzelbank,** *Steiermark (im ganzen Alpengebiet verbreitet), Österreichisches Freilichtmuseum, Stübing bei Graz/Steiermark (nach Viktor Herbert Pöttler)*

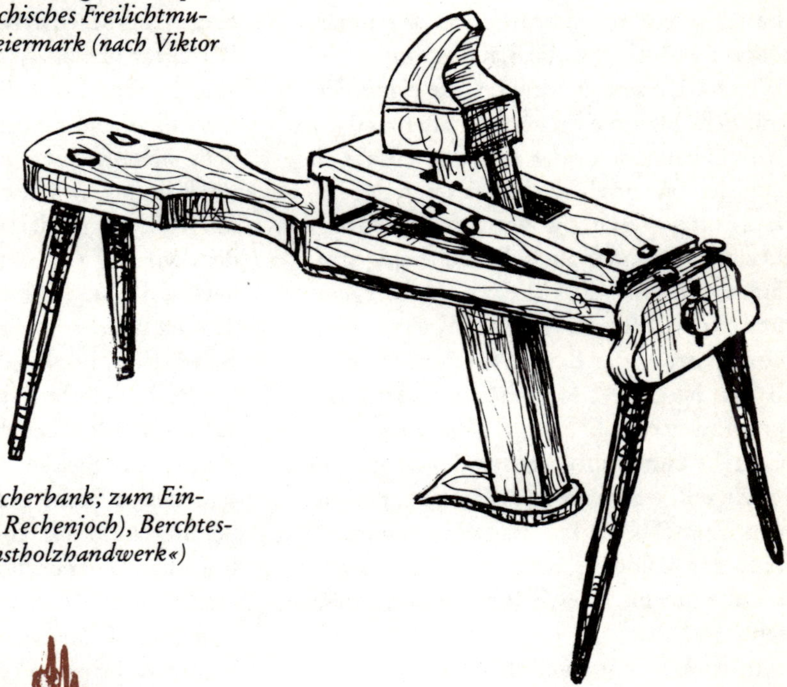

242 **Zinkbank** *(Rechenmacherbank; zum Einschlagen der Zinken in das Rechenjoch), Berchtesgaden/OB (nach »Das Kunstholzhandwerk«)*

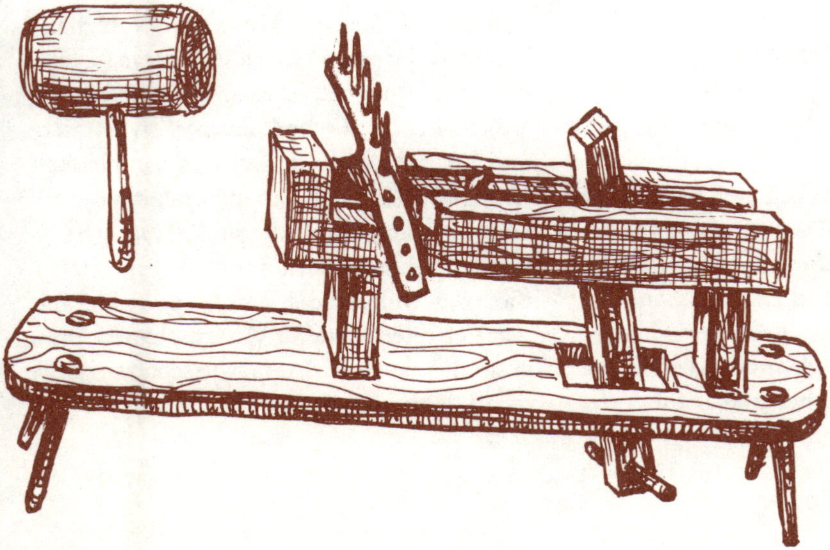

Holzgewinnung und Holzverarbeitung

Das System, nach dem man dieses Gebiet am besten gliedert und bearbeitet, ist seit der Arbeit von Alfons Maissen bekannt.
Weitere Untersachgruppen, die eigentlich mit dem Hauswesen zu tun haben und dort bereits behandelt oder erwähnt wurden, ließen sich hier angliedern, sei es nun das Beleuchtungswesen, die Wasserversorgung, das Dachdecken oder auch die Sicherung von Haus und Hof mit Hilfe von *Holzriegeln* und *Holzschlössern.* Auch die gelegentlich vom Hirten oder Bauern für den eigenen Bedarf hergestellten einfachen Gerätschaften und Primitivmöbeln, z. B. *Holzteller* oder Gestelle zum Aufbewahren des Brotes *(Brotschragen)*, wären an dieser Stelle einzuordnen. Zum Thema Holznutzung gehören aber auch das Kohlenbrennen und die Pechsiederei, die nur noch resthaft bei uns zu beobachten sind.
Für das Holzhandwerk liegt aus den fünfziger Jahren des vorigen Jahrhunderts in der Schrift »Das Kunstholzhandwerk« eine gerätekundliche Zusammenstellung vor, die bis heute ihren vollen Wert behalten hat. Sie wird meist übersehen. Die Zusammenstellung bezieht sich zwar nur auf das Holzhandwerk im Berchtesgadener Land, hat aber ohne Zweifel für alle Waldgebiete Bayerns in der Mitte des 19. Jh. Gültigkeit besessen. Es sei nur an das Schindelmachen und an die Anfertigung von Holzschuhen erinnert, die darin eingehend beschrieben werden. Mit dieser Berchtesgadener Materialsammlung und der eingehenden Darstellung des Holzhandwerks in Graubünden von Alfons Maissen ließe sich unschwer das gesamte Holzhandwerk in Bayern einschließlich der Waldarbeit überprüfen und darstellen, besonders seitdem wir in Zwiesel ein Museum erhalten haben, das sich in besonderer Form dem Thema Wald und Holzhandwerk widmet.
Es wäre nur notwendig, hier das echte mündliche Überlieferungsgut von dem schulmäßig auf Grund von Lehrbüchern festgelegten Wissen zu scheiden. Hier könnten die verschiedenen Fachschulen, die mit der Verarbeitung von Holz zu tun haben wie in Berchtesgaden, Oberammergau, Garmisch-Partenkirchen und Mittenwald Hilfestellung leisten. Dem Deutschen Museum in München kommt auf diesem Gebiet eine gewisse vermittelnde Rolle zu, da es im Rahmen der Geschichte der Technik auch jenen Geräten und Vorrichtungen nachgeht, die in Herstellung und Handhabung in der mündlichen Überlieferung begründet sind. Bäuerliche Geräteforschung wird nur dann zum Ziele führen, wenn sich der Volkskundler hier mit den Vertretern anderer Wissenschaften, insbesondere auch der Agrarwirtschaftswissenschaft, verbindet.

Aneignende Wirtschaft

Vogeljagd (im Vordergrund zweirädriger Karren)

Aneignende Wirtschaft

Zu der aneignenden Wirtschaft werden die Jagd und der Fang von wildlebenden Tieren, das Sammeln von Wildfrüchten und Wildpflanzen, die Bienenhaltung und die Waldwirtschaft gezählt, letztere, soweit sie nicht die Gewinnung und Verarbeitung von Nutzholz, die gesondert behandelt worden ist, sondern die Gewinnung von Brennholz, Laubheu und Waldstreu betrifft. Auch das Torfstechen, bei Wolfgang Jacobeit beim Hauswesen aufgeführt, wird man hierher rechnen müssen.

Netzfischerei

Imkereigeräte

Unter dem Oberbegriff der Bienenhaltung vereinigt man das Zeidelwesen, die Imkerei und das Gebiet Honig und Wachs. Hier werden lediglich einige Geräte der Imkerei vorgestellt.

Unsere Heimatmuseen besitzen zwar zahlreiche Beispiele für den aus Strohwülsten geflochtenen *Bienenkorb* und, was Oberbayern betrifft, auch für die hölzernen *Rauchfaßln* des Imkers. In der Praxis ist man jedoch längst schon zum *Magazinstock*system übergegangen. Nur gelegentlich kann man noch in der Altöttinger Gegend auf der Oberlaube eines Bauernhofes die *Bienenbank* mit Bienenkörben beobachten.

Angelfischerei (im Vordergrund Fischlagel)

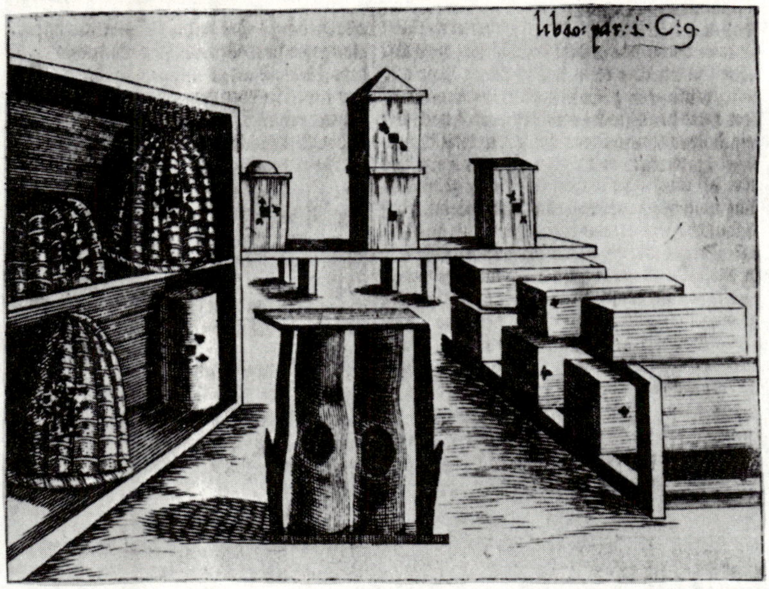

Bienenwohnungen (von links nach rechts: 3 Strohkörbe, 1 Klotzstülper, 1 Mobilkasten mit Strohkorb als Honigkappe, 1 Rauchfangstock, 1 Kastenstülper, 3 Kanonenstöcke, 3 Tunnelstöcke, 2 Rindenstülper)

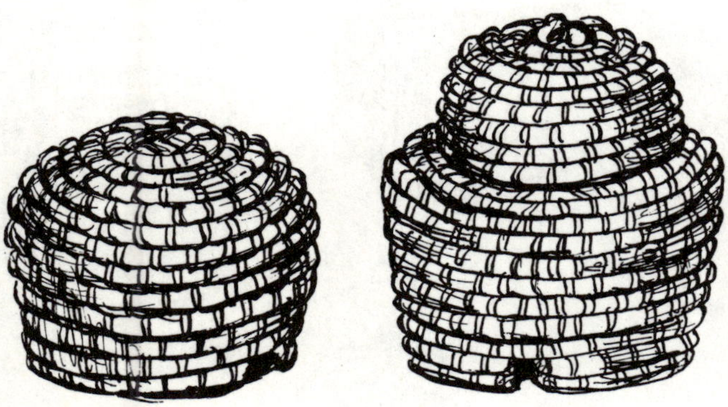

243/244 Strohkörbe, *Prutz im Inntal/Tirol*

245 Bienenkorb, *Riedertsham bei Griesbach/NB, um 1900*

Aneignende Wirtschaft

247

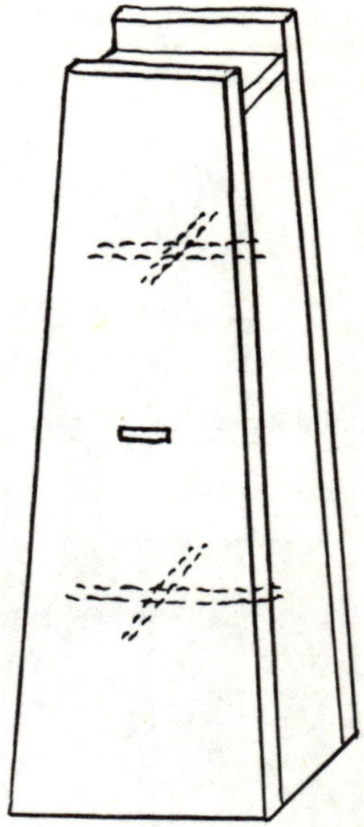

248

249

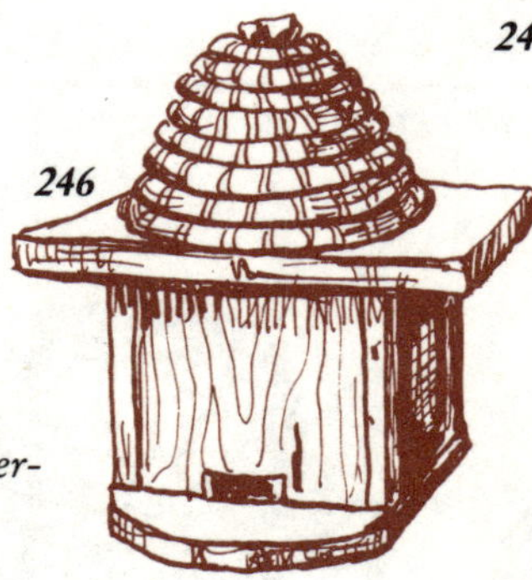

246

251

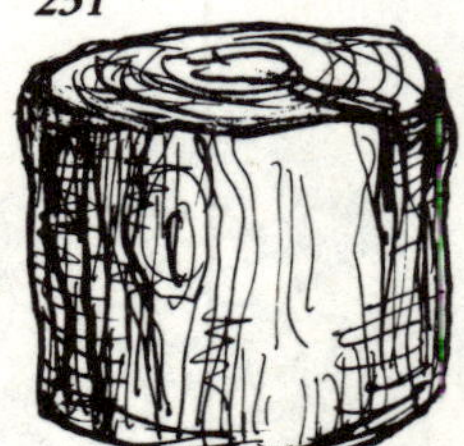

250

247 **Bienenkasten** *(Brixener Tatln), Südtirol*

248 **Rauchfangstock,** *Braunau a. Inn/Oberösterreich (nach Ludwig Armbruster)*

249 **Rauchfangstock,** *Berchtesgadener Land/OB, datiert 1886*

246 **Korbständchen,** *St. Gallenkirch/Montafon*

251 **Form** *zum Korbflechten (nach Ludwig Armbruster)*

250 **Bodenbrett** *(mit Fluglochschnabel und Fütterungsvorrichtung; nach Ludwig Armbruster)*

Sonderkulturen

Garten- und Obstbau

Sonderkulturen

Unter Berücksichtigung der besonderen bayerischen Verhältnisse kann man zu den Sonderkulturen den *Gartenbau*, den *Gemüsebau*, den *Obstbau*, den *Hopfenbau* und den *Weinbau* zählen. Allen diesen Sonderkulturen ist gemeinsam, daß sie in unseren Museen und in der Forschung in Bayern im allgemeinen bisher entweder überhaupt keine oder noch sehr wenig Beachtung gefunden haben, obwohl beispielsweise das Gemüse- und Gärtnereiwesen im Mainfränkischen, besonders in und um Bamberg, und im Knoblauchsland bei Nürnberg, der Weinbau im Unterfränkischen, der Obstbau in der Lindauer Gegend sowie der Hopfenbau in der Hallertau eine bedeutsame Rolle gespielt haben und noch spielen. Hier sei erlaubt, auf diese Sonderkulturen wenigstens hinzuweisen, ohne daß entsprechende Abbildungen von Geräten geboten werden.

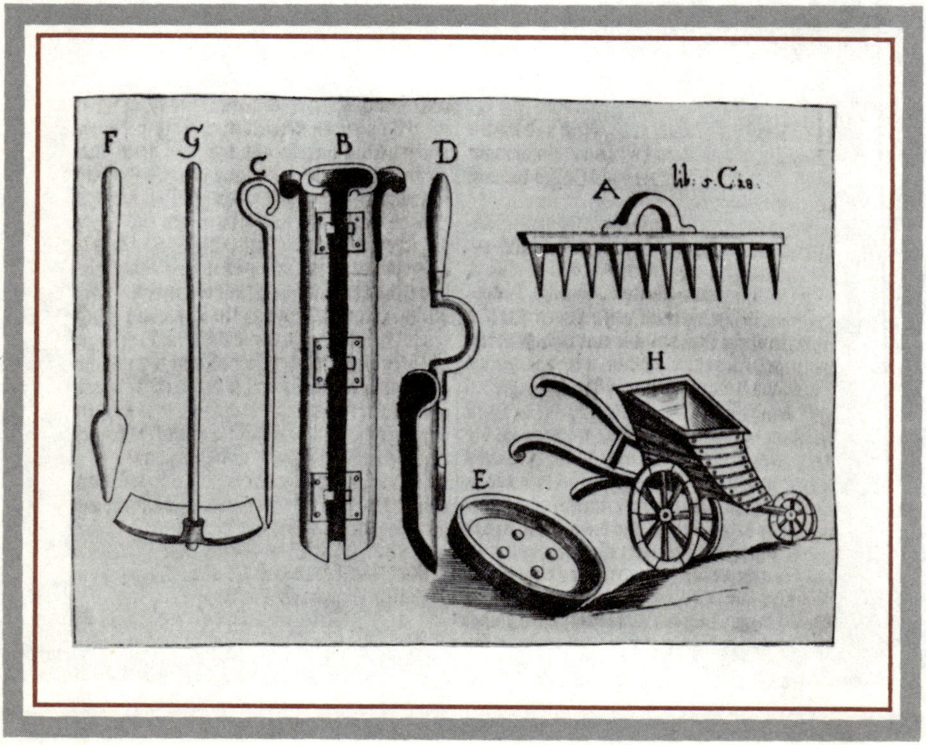

Werkzeuge und Geräte des Blumengärtners

Hopfenbau

Weinernte

◁ *»Vom Gartenzeuge«*

A. Pflanzer zum regelmäßigen Stecken von Bohnen eti.
B. u. C. Tubus extractorius, zum Ausheben eines Gewächses samt der Erden
D. Ausheb-Bohrer
E. Feuchtungs-Scherben
F. Stoßstecken von Eisen
G. Gerät zum Gang ausputzen
H. Schubkarren mit 3 Rädern für unebenes Gelände

Zusammenfassung und Anhang

Bei der gerätekundlichen Forschung ist es niemals mit dem Beschreiben des Geräts und der Aufzeichnung des an ihm haftenden Wortgutes getan. Es kommt vielmehr immer darauf an, den gesamten dazugehörenden Arbeitsvorgang festzulegen und darüber hinaus auch soweit wie möglich auf das persönliche Verhältnis von Bauer oder Handwerker zum Gerät einzugehen. Wer je einmal die Kurzerzählung von Ivo Andric »Die Sense« gelesen hat, wird verstehen, was hier gemeint ist. Der Schriftsteller schildert, wie ein Bergbauer seiner Heimat zum Markt geht, um sich ein neues Sensenblatt zu kaufen. Alles was dieser Bauer an rationaler Erfahrung und gefühlsmäßigem Erleben in jahrzehntelanger mühseliger Erntearbeit erworben hat, setzt er in dem Augenblick ein, als er sich zum Kauf eines neuen Werkzeuges entschlossen hat. In dem ungarischen Dorf Átány sagt man: *»Hundert Sensen schneiden hundertfältig.«* Das will besagen: Es gibt nirgends zwei Werkzeuge, die genau übereinstimmen. Die Werkzeuge werden für den persönlichen Gebrauch im allgemeinen nach dem Körperbau und der Arbeitsfähigkeit des Benutzers bemessen und eingestellt. Wenn man dies im Auge behält, wird man am ehesten der Gefahr entgehen, Geräteforschung nur nach äußerlicher, formaler Betrachtung zu betreiben. Immer aber sollte man eingedenk sein der Worte: *»Es wird die Zeit kommen, in der wir mit all unserem Geld das nicht kaufen können, was wir heute noch sehen.«* So schrieb bereits 1872 Dr. Arthur Hazelius, der Gründer des Nordischen Museums in Stockholm.

Schrifttum

Hier wird in alphabetischer Reihenfolge *Allgemeinliteratur,* die für die Geräteforschung von grundsätzlicher Bedeutung ist und besonders geeignet sein dürfte, den Einstieg in die Gerätekunde zu erleichtern (wegen der Fülle des Materials nur die nach 1958 veröffentlichten Werke), und *Spezialliteratur,* die nach den gerätekundlichen Sachgruppen geordnet ist und sich mit einzelnen Geräten oder Gerätegruppen befaßt, aufgeführt. Eine Sonderstellung nimmt das zweibändige Werk von Paul Scheuermeier ein, das, obwohl bereits 1943 und 1956 erschienen, für die Geräteforschung in Süddeutschland unentbehrlich ist und bleibt.

Allgemeinliteratur

Achilles, W.: Vermögensverhältnisse braunschweigischer Bauernhöfe im 17. und 18. Jahrhundert. Stuttgart 1956.

Ast, Conrad: Holzkohle und Eisen. Beitrag zur Volkskunde, Wirtschafts- und Sozialgeschichte des Raumes um Gutenstein. Linz 1970.

Balassa, Iván: Das Archiv für die Geschichte landwirtschaftlicher Arbeitsgeräte des Landwirtschaftlichen Museums in Budapest. In: Arbeit und Gerät in volkskundlicher Dokumentation. Hrsg. v. Wilhelm Hansen. Münster 1969. S. 109–113.

Bausinger, Hermann: Volkskunde. Von der Altertumsforschung zur Kulturanalyse. Darmstadt 1973.

Benker, Gertrud: Altes bäuerliches Holzgerät. München 1976.

Bernt, Walther: Altes Werkzeug. Zeugnisse großer Handwerkskunst. Neuausg. München 1977.

Bodgal, F.: A Borsod-Abauj-Zemplén megyei cigányok fémmüvessége. [Metallarbeit der Zigeuner im Komitat Borsod, Abauj, Zemplén.] Miskolc 1968.

Das Kunstholzhandwerk im oberbayerischen Salinen-Forstamtsbezirke Berchtesgaden. Hrsg. v. Kgl. Bayer. Ministerial-Forstbureau. Repr. d. Ausg. München 1859. O. O. [Berchtesgaden] 1968. (= Berchtesg. Schriftenreihe 4.)

Der steirische Bauer. Kat. d. gleichnam. Ausst. Graz 1966.

Dichtl, Franz (Hrsg.): Katalog zur 9. Sonderausstellung im Mühlviertler Heimathaus. Freistadt 1960.

Dinklage, K.: Geschichte der Kärntener Landwirtschaft und bäuerlichen Volkskunst Kärntens. Klagenfurt 1966.

Dobbossy, J.: A Fonás Technikájá a Hernád Völgyében. In: A Herman Ottó muzeum Évkönye VII (Miskolc 1968), S. 213 ff.

Dünninger, Josef: Hauswesen und Tagewerk. In: Dt. Philologie im Aufriß. Hrsg. v. Wolfgang Stammler. Bd. 1–3. Berlin ^{2}1962. Bd. 3, Sp. 2781–2884.

Edelmann, Max: Die Almen im Tegernseer Tal. Zur Rechts- und Wirtschaftsgeschichte des ehemaligen Klostergerichtes Tegernsee. Diss. München/Innsbruck 1966.

Ethnologia Europaea. Paris 1967 ff.

Feldhaus, F. M.: Die Technik der Vorzeit, der geschichtlichen Zeit und der Naturvölker. München ^{2}1965.

Fél, Edit/Hofer, Tamás: A monografikus tárgygyüjtés. Az átányi példa. In: A néprajzi értesitö. Budapest 1964.

Fink, Hans: Zur tirolischen Eß- und Trinkkultur. Geschichte und Entwicklung. Hrsg. v. d. Kurverw. Brixen anläßl. d. 5. Kuchlkirchtigs. Brixen 1977.

Fuchs, P. Ferdinand: Bauernarbeit in Appenzell Innerrhoden. Basel 1976. (= Schr. d. Schweiz. Ges. f. Vkde. 61.)

Gaál, Károly: Zum bäuerlichen Gerätebestand im 19. und 20. Jahrhundert. Forschungsergebnisse zur vergleichenden Sachvolkskunde und volkskundlichen Museologie. Wien 1969. (= Sitzungsber. d. Österr. Akad. d. Wiss., Philos.-hist. Kl. 261/1.)

Gebhard, Torsten: Möglichkeiten der Geräteforschung in Deutschland. In: ZsfVk. 56 (1960), S. 94–104.

Gorfer, Aldo/Faganello, Flavio: Das Tal der Mòcheni. O. O. u. J. [Bozen 1972].

Grünn, H.: Die Pecher. Volkskunde aus dem Lebenskreis des Waldes. Wien 1960.

Grünn, H.: Faßbinder, Faßboden, Handwerk und Kunst. Wien 1968.

Gunda, Béla: Ethnographica Carpatica. Budapest 1966.

Haberlandt, Arthur: Taschenwörterbuch der Volkskunde Österreichs. Der andere Teil: Ländliche Arbeit, Geräte, Glauben, Brauch und Spiel. Wien 1958.

Häring, Georg: Söizog'n, strangkitzli und stoigrante. Alte Begriffe und Ausdrücke aus dem Sprachgut der Landwirtschaft des Gäubodens. Straubing o. J. [1977].

Hansen, Wilhelm (Hrsg.): Arbeit und Gerät in volkskundlicher Dokumentation. Münster 1969.

Hansen, Wilhelm (Hrsg.): Arbeit und Volksleben. Deutscher Volkskundekongreß 1965 in Marburg. Göttingen 1967. (= Veröff. d. Inst. f. mitteleurop. Volksforsch. a. d. Philipps-Univ. Marburg-Lahn 4.)

Hansen, Wilhelm: Aufbau und Zielsetzung einer Kommission für Geräteforschung. In: Arbeit und Volksleben. Deutscher Volkskundekongreß 1965 in Marburg. Hrsg. v. Wilhelm Hansen. Göttingen 1967. (= Veröff. d. Inst. f. mitteleurop. Volksforsch. a. d. Philipps-Univ. Marburg-Lahn 4.) S. 100–122.

Hansen, Wilhelm: Die Dokumentation historischer Bildquellen der Arbeits- und Geräteforschung. In: Arbeit und Gerät in volkskundlicher Dokumentation. Hrsg. v. Wilhelm Hansen. Münster 1969. S. 36–54.

Harvolk, Edgar: Arbeitsgeräte. In: Lebendiges Gestern. Erwerbungen von 1959 bis 1974. Berlin 1975. (= Schr. d. Mus. f. Dt. Volkskde. Berlin I.) S. 161–184.

Hedeler, Heinz: Das Oberpfälzische Bauernmuseum im zehnten Jahr – eine Stätte der Nostalgiebefriedigung oder der Dokumentation? In: Mitt. d. Ver. Oberpfälz. Bauernmus. e. V. 9 (1974).

Hedeler [Heinrich]: Ein alter Wagner erzählt. In: Mitt. d. Ver. Oberpfälz. Bauernmus. e. V. 7 (1968), S. 7–14.

Heilfurth, G.: Die Arbeit als kulturanthropologisches volkskundliches Problem. Heidelberg 1965.
Hirschberg, W. / Janata, Alfred: Technologie und Ergologie in der Völkerkunde. Mannheim 1966.
Hugger, Paul: Hirtenleben und Hirtenkultur im Waadtländer Jura. Basel 1972.
Jacobeit, Wolfgang: Bäuerliche Arbeit und Wirtschaft. Ein Beitrag zur Wissenschaftsgeschichte der deutschen Volkskunde. Berlin 1965.
Jacobeit, Wolfgang: Das bäuerliche Arbeitsgerät in den Museen der DDR. In: Neue Museumskde. 6 (1963), S. 145–149.
Jacobeit, Wolfgang: Die Inventarisation bäuerlicher Arbeitsgeräte. In: Arbeit und Volksleben. Deutscher Volkskundekongreß 1965 in Marburg. Hrsg. v. Wilhelm Hansen. Göttingen 1967. (= Veröff. d. Inst. f. mitteleurop. Volksforsch. a. d. Philipps-Univ. Marburg-Lahn 4.) S. 135–139.
Jacobeit, Wolfgang: Erster Bericht über die Aufnahme des bäuerlichen Arbeitsgerätes in den Museen der DDR. In: DJbfVk. 4 (1958), S. 186 ff.
Jacobeit, Wolfgang: Schafhaltung und Schäfer in Zentraleuropa bis zum Beginn des 20. Jahrhunderts. Berlin 1961.
Jacobeit, Wolfgang: Volkskunde und Geschichte der Produktivkräfte. In: Jb. f. Wirtschaftsgesch. 1 (1966), S. 175–188.
Jacobeit, Wolfgang: Ziele und Aufgaben der ethnologischen Kommission für Geschichte und Entwicklung der europäischen Landwirtschaft. In: Volkskde. [niederld. Zs.] 68 (1967), S. 3 ff.
Jacobeit, Wolfgang / Quietzsch, Rudolf: Forschungen zur bäuerlichen Arbeit und Wirtschaft im Institut für deutsche Volkskunde Berlin. Stand und Aufgaben. In: DJbfVk. 11 (1965), S. 59–82.
Jenkins, J. G.: The Englisch Farm Wagon. Reading 1961.
Kapfhammer, Günther: Beiträge zur Ethnographie Bayerns. In: Publik. zu Wissenschaftl. Filmen 6 (1976), S. 451–571.
Kapfhammer, Günther: St. Englmar. Eine volkskundliche Ortsmonographie. Diss. München 1964. (= Verhdlg. d. Hist. Ver. f. Niederbayern 93 (1967).)
Koren, Hanns: Bauernarbeit und Gerät. Das Bauerntum in der Steiermark. Graz 1963.
Kühnel, Harry: Die materielle Kultur des Spätmittelalters im Spiegel der zeitgenössischen Ikonographie. In: Ausst.-Kat. Gotik in Österreich. Krems 1967. S. 7–36.
Ladurner-Parthanes, Matthias: Vom Perglwerk zur Torggl. Arbeit und Gerät im Südtiroler Weinbau. Bozen 1972.
Lerner, F.: Aber die Biene nur findet die Süßigkeit. Düsseldorf 1963.
Lipp, Franz K.: Erlesenes Volksgut der Alpenländer, vornehmlich des Salzkammergutes. Linz 1968. (= Kat. d. Oberösterr. Landesmus. 58.)
Lühning, Arnold: Gerätekundliche Feldforschung in Schleswig-Holstein. In: Arbeit und Volksleben. Deutscher Volkskundekongreß 1965 in Marburg. Hrsg. v. Wilhelm Hansen. Göttingen 1967. (= Veröff. d. Inst. f. mitteleurop. Volksforsch. a. d. Philipps-Univ. Marburg-Lahn 4.) S. 123–134.
Mörtel, Heinrich: Bauernarbeit in Nordostoberfranken um 1900. Hof 1973. (= 25. Ber. d. Nordoberfränk. Ver. f. Natur-, Gesch.- u. Landeskde.)
Neuburger, Albert: Die Technik des Altertums. Fotomech. Neudr. d. Ausg. Leipzig ⁴1919. Leipzig 1977.
Österreichische volkskundliche Bibliographie. Im Auftr. d. Ver. f. Vkde. i. Wien hrsg. v. Klaus Beitl. Folge 1 ff. (1965 ff.).
Paulsen, Peter / Schach-Dörges, Helga: Holzhandwerk der Alemannen. Stuttgart 1972.
Peesch, Reinhard: Zur Tradierung von Gerät und Arbeitserfahrung. In: Arbeit und Volksleben. Deutscher Volkskundekongreß 1965 in Marburg. Hrsg. v. Wilhelm Hansen. Göttingen 1967. (= Veröff. d. Inst. f. mitteleurop. Volksforsch. a. d. Philipps-Univ. Marburg-Lahn 4.) S. 146–153.
Peesch, Reinhard / Rudolph, W.: Kolloquium Balticum Ethnographicum 1966. Berlin 1968. (= Veröff. d. Inst. f. Dt. Volkskde. d. Dt. Akad. d. Wiss. zu Berlin 46.)
Pöttler, Viktor Herbert: Führer durch das Österreichische Freilichtmuseum. Stübing ²1972. (= Schr. u. Fhr. d. Österr. Freilichtmus. Stübing b. Graz 4.)
Prasch, Helmut: Der schöpferische Bauer. Arbeitsbehelfe, Geräte und hölzerne Maschinen im Kärntner Oberland. Disposition zur Abteilung »Landwirtschaft und Handwerk« des Bezirksheimatmuseums Spittal/Drau. Spittal o. J. [1963].
Prasch, Helmut: Eine Volkskunde Oberkärntens. Begleiter durch das Bezirksheimatmuseum Spittal/Drau – Kärnten. Spittal 1965.
Priehäusser, H. C. Georg (Hrsg.): Bayerischer und Oberpfälzer Wald. Land an der Grenze. Essen 1965.
Prinz zu Sayn-Wittgenstein, Franz: Das Rhönmuseum in Fladungen. München o. J. [1970]. (= Die Bayer. Heimatmus. V.)
Reichmann, O.: Der Wortschatz der Siegerländer Landwirtschaft und Haubergwirtschaft. Marburg 1966. (= Dt. Dialektgeographie 48.)
Reissinger, G.: Die Konstruktionsgrundlagen der Axt. Hamburg/Berlin 1959.
Reiter, Robert (Hrsg.): Schäferei im Coburger Land unter besonderer Berücksichtigung Ahorns und des

künftigen Gerätemuseums in der Alten Schäferei. In: Bl. z. Gesch. d. Coburger Landes 6 (1977), S. 1–48.
Rüdiger, Wilhelm: Ihr Name ist Apis. Kleine Kulturgeschichte der Biene. Ulm 1974.
Scheuermeier, Paul: Bauernwerk in Italien, der italienischen und rätoromanischen Schweiz. Sprach- und Sachatlas Italiens und der Südschweiz. Hrsg. v. K. Jaberg u. J. Jud. Illustr.-Bd. 1 u. 2. Bd. I: Eine sprach- und sachkundliche Darstellung landwirtschaftlicher Arbeiten und Geräte. Erlenbach-Zürich 1943. Bd. II: Eine sprach- und sachkundliche Darstellung häuslichen Lebens und ländlicher Geräte. Bern 1956.
Schlee, E.: Handwerk, Haus und Hof. Ausstellungskatalog 1963. Bearb. v. Arnold Lühning.
Schmid, Camill: Sach- und Sprachwandel seit 1900, dargestellt am Gemeinschaftsleben und an der Mundart von Bellwald. Basel 1969. (= Schr. d. Schweiz. Ges. f. Vkde. 49.)
Schmidt, Leopold: Volkskunde von Niederösterreich. Bd. 1 u. 2. Bd. I: Horn/Wien 1966. Bd. II: Horn 1972.
Schöller, R. Günter: Der gemeine Hirte. Nürnberg 1973.
Schultz-Klinken, Karl-Rolf: Die Entwicklung der ländlichen Handarbeitsgeräte in Südwest-Deutschland. Akkerbaugeräte für Bestellung, Pflege und Ernte. In: Der Museumsfreund, H. 14/15 (1975), S. 4–110.
Société international d'éthnologie et de folklore (SIEF). Information Nr. 1.
Sperber, Helmut: Die Entwicklung der Pflugformen in Altbayern vom 16. Jahrhundert bis zur Mitte des 19. Jahrhunderts. Diss. München 1977. (Druck in Vorber.)
Stelzenberger, Franz: Roß und Rottal. Passau o. J. [1968].
Stetter, Gertraud: Altbayerisches Leben auf Wening-Stichen. Rosenheim 1977.
Torbrügge/Uenze: Bilder zur Urgeschichte Bayerns. Hrsg. v. Hans-Jörg Kellner. Konstanz 1968.
Trathnigg, G.: Zur Geschichte des Welser Museums. Das Landwirtschaftsmuseum Wels. In: Jb. d. Musealver. Wels 1959.
Unser, Kurt: Zur Gerätekunde der Almwirtschaft. In: ÖZsfVk. 74 (1971).
Vom Hopfenacker zum Hopfenmarkt. In: Heimat Hersbruck 29 (1959), S. 3–25.
Wagner, F.: Bibliographie der bayerischen Vor- und Frühgeschichte 1884–1959. Wiesbaden 1964.
Weber-Kellermann, Ingeborg / Stolle, Walter: Volksleben in Hessen 1970. Arbeit, Werktag und Fest in traditioneller und industrieller Gesellschaft. Göttingen 1971.
Weyns, Jozef: Volkshuisraad in Vlaanderen. Naam, vorm, geschiedenis, gebruik en volkskundig belang der huiselijke voorwerpen in het Vlaamse land, van de middelleeuwen tot de eerste wereldoorlog. [Volkshausrat in Flandern. Name, Form, Geschichte, Gebrauch und volkskundliche Bedeutung des Hausgerätes im flämischen Gebiet vom Mittelalter bis zum ersten Weltkrieg.] Bd. 1–4. Genk-Bokrijk 1974.
White, Lynn: Die mittelalterliche Technik und der Wandel der Gesellschaft. München 1968.
Wiegelmann, Günter: Alltags- und Festspeisen. Wandel und gegenwärtige Stellung. Marburg 1967.
Wiegelmann, Günter: Der »Atlas der deutschen Volkskunde« als Quelle für die Agrargeschichte. In: ZAA 12 (1964), S. 164–180. (Mit reichen Literaturhinw.)
Wiegelmann, Günter: Die Erforschung von Arbeit und Gerät im 19. Jahrhundert. In: Volkskunde im 19. Jahrhundert. Ansätze – Ausprägungen – Nachwirkungen. Arbeitstagung der Vertreter des Faches Volkskunde an den deutschen Universitäten vom 9.–11. Oktober 1968 in Kiel. Kiel 1968.
Wiegelmann, Günter: Die räumliche Methode in der Geräteforschung. In: Arbeit und Volksleben. Deutscher Volkskundekongreß 1965 in Marburg. Hrsg. v. Wilhelm Hansen. Göttingen 1967. (= Veröff. d. Inst. f. mitteleurop. Volksforsch. a. d. Philipps-Univ. Marburg-Lahn 4.) S. 140–145.
Wiegelmann, Günter: Fragebogen zur alten bäuerlichen Arbeit. In: Arbeit und Gerät in volkskundlicher Dokumentation. Hrsg. v. Wilhlem Hansen. Münster 1969. S. 169–180.
Wiegelmann, Günter: Zur Sachforschung im bäuerlichen Bereich. Möglichkeiten und Probleme von Übersichtsbefragung und Dorfmonographie. In: ZsfVk. 58 (1962), S. 99–113.
Wittichen, Ingeborg: Systeme der Inventarisation landwirtschaftlichen Geräts und ländlichen Handwerks. In: Arbeit und Gerät in volkskundlicher Dokumentation. Hrsg. v. Wilhelm Hansen. Münster 1969. S. 9–13.
Wörterbuch der deutschen Volkskunde. Bearb. v. Richard Beitl u. Klaus Beitl. Stuttgart ³1974.
Zeller, Hermann: Kunstsinn und Erfindergeist im Bauernhof. Das Bauernhofmuseum in Illerbeuren. Memmingen 1968.
Zender, M[atthias].: Bibliographische Hinweise. Volkskundliche Beiträge in Zeitschriften 1958–61. In: ZsfVk. 57 (1961), S. 282–315, bes. 309–315.
Zippelius, Adelhart: Handbuch der europäischen Freilichtmuseen. Köln 1974. (= Fhr. u. Schr. d. Rhein. Freilichtmus. u. Landesmus. f. Vkde. i. Kommern 7.)
Nachtrag: Museum und Kulturgeschichte. Fs. f. Wilhelm Hansen. Hrsg. v. Martha Bringemeier, Paul Pieper, Bruno Schier u. Günter Wiegelmann in Verb. mit d. Landesverb. Lippe, Münster 1978.

Spezialliteratur

Bodenbearbeitung

Pflüge

Bentzien, Ulrich: Haken und Pflug. Eine volkskundliche Untersuchung zur Geschichte der Produktionsinstrumente im Gebiet zwischen unterer Elbe und Oder. Berlin 1969. (= Veröff. d. Inst. f. Dt. Vkde. d. Dt. Akad. d. Wiss. zu Berlin 50.)

Bringéus, Nils-Arvid: Järnplogen som innovation. [Der Eisenpflug als Neuerung.] Lund 1962. (= Scripta minora 3.)

Dosedla, Heinz-Christian: »Bairischer Leitenpflug« und »Österreichischer Gebirgs-Radlo«. Bemerkungen zu einem Kapitel volkskundlicher Ackerbaugeräte-Forschung in den Alpenländern. In: BJbfVk. 1978 (noch nicht ersch.).

Jacobeit, Wolfgang / Quietzsch, Rudolf: Bäuerliches Arbeitsgerät im Museum für Volkskunde zu Berlin. In: 75 Jahre Museum für Volkskunde zu Berlin 1889–1964. Fs. Berlin 1964. S. 65–111.

Kasparek, Max Udo: Arl und Pflug in Niederbayern. In: BJbfVk. 1966/67, S. 138–154 (einschl. Abb. 96–98).

Kasparek, Max Udo: Neu festgestellte Arln in Niederbayern. In: VIe Congrès International des Sciences anthropologiques et ethnologiques Paris, 30 juillet – 6 août 1960. T. II: Ethnologie. 1er volume. Paris 1963. S. 547–549.

Kasparek, Max Udo: Zur Geschichte des Pfluges in der Oberpfalz und im Egerland. In: Die Oberpfalz 49 (1961), S. 51–55.

Klein, Ernst: Die Entwicklung des Pfluges im deutschen Südwesten. In: Der Museumsfreund, H. 7 (1966), S. 5–59.

Klein, Ernst / Krepela, Wilhelm: Die historischen Pflüge der Hohenheimer Sammlung landwirtschaftlicher Geräte und Maschinen. Ein kritischer Katalog. Stuttgart 1967. (= Quellen u. Forsch. z. Agrargesch. XVI.)

Koren, Hanns: Pflug und Arl. Ein Beitrag zur Volkskunde der Ackergeräte. Salzburg 1950. (= Veröff. d. Inst. f. Vkde. Salzburg 3.)

Kramarik, Jaroslav: Přispěvek k historii českých radel. In: Český Lid 52 (1965), S. 321 ff.

Kratz, Bernd: Zur Bezeichnung von Pflugmesser und Messerpflug in Germania und Romania. Gießen 1966, zgl. Diss. Marburg 1963. (= Beitr. z. dt. Philol. 34.)

Poel van der, J. M. G.: Oude nederlandse ploegen. Arnhem 1967.

Schmidt, G.: Ausstellung altertümlicher Gegenstände aus bäuerlichen Lebensbereichen zum Tage der Landwirtschaftlichen Berufsschule 1962 in Bayreuth. Kronach 1962. (Behandelt die Sammlung in Steinbach a. Wald, Lkr. Kronach.)

Schmidt, Leopold: Antike und mittelalterliche Pflugscharen in Österreich. In: Archaeologia Austriaca 19/20 (Wien 1956), S. 227–238.

Sperber, Helmut: Die Entwicklung der Pflugformen in Altbayern vom 16. Jahrhundert bis zur Mitte des 19. Jahrhunderts. Diss. München 1977. (Druck in Vorber.)

Sperber, Helmut: Die schweren Ackergeräte in Oberbayern. Untersuchungen zur Typologie von Pflug, Egge und Ackerwalze. Bd. 1 u. 2. Bd. I: Egge und Ackerwalze. München 1975. (Masch. vervielf.; Veröff. vorges. f. BJbfVk. 1978.) Bd. II: Pflug. München 1976. (Masch. vervielf.)

Sperber, Helmut: Ein bemalter Leitenpflug im Freilichtmuseum des Bezirks Oberbayern an der Glentleiten. In: Freundeskreisbl. d. Freundeskr. Freilichtmus. Südbayern 4 (Mai 1976), S. 57–69.

Stepanek, L.: Po stopách tradicnich oradel. In: Český Lid 50 (1963), S. 320.

Werth, Emil: Grabstock, Hacke und Pflug. Versuch einer Entstehungsgeschichte des Landbaues. Ludwigsburg 1954.

Eggen und Ackerwalzen

Bielenstein, Martha: Die altlettischen Färbemethoden. Riga 1935. Bes. S. 81.

Dosedla, Heinz-Christian: Ackeregge. In: Österr. Volkskundeatlas (ÖVA), 4. Lfg. (1971), Bl. 56–58.

Dosedla, Heinz-Christian: Streifgeräte zur Wiesenbearbeitung. In: Österr. Volkskundeatlas (ÖVA), 4. Lfg. (1971), Bl. 59–60 u. Kommentar, S. 1–16.

Hedeler [Heinrich]: Ein alter Wagner erzählt. In: Mitt. d. Ver. Oberpfälz. Bauernmus. 7 (1968), S. 7–14.

Hornung, Maria: Mundartkunde Osttirols. Eine dialektgeographische Darstellung mit volkskundlichen Einblicken in die altbäuerliche Lebenswelt. Wien 1964. (= Studien z. österr.-bair. Dialektkde. d. Österr. Akad. d. Wiss. 3.) Bes. Abb. 31.

Hubatschek, Erika: Zur bäuerlichen Arbeits- und Gerätekunde des inneren Stubaitales. In: Volk und Heimat. Fs. f. Viktor von Geramb. Graz/Salzburg/Wien 1949. S. 99–123.

Koren, Hanns: Die steirischen Eggen. Übersicht und Bestandsaufnahme. In: Volkskunde. Fakten und Analysen. Festg. f. Leopold Schmidt. Wien 1972. S. 61–98.
Koren, Hanns: Früh- und Altformen der Egge. In: Südost-Tagespost (Graz). Nr. 121 v. 29. 5. 1953. Beil. Neue Chronik 15.
Koren, Hanns: Strauch- und Balkeneggen in Steiermark. In: Bl. f. Heimatkde. 28 (Graz 1954), S. 18–24.
Weinhold, R.: Bäuerliches Arbeitsgerät in den Museen Mecklenburgs. In: DJbfVk. 5 (1959), S. 87 ff.
Wille, Ed[uard].: Landwirtschaftliche Geräte und Fahrnisse (mundartliche Bezeichnung ihrer Teile). In: Bayer. Hefte f. Vk. 12 (1939), S. 33–34.

Hauen und Grabgeräte

Balassa, Iván: Randbeschlagene Holzspaten in Mittel- und Osteuropa. In: SchweizArchfVk. 68/69 (1972/73), S. 1–9.
Hottenroth, Hans-Hagen: Randbeschlagene Spaten im niederösterreichischen Voralpenland. In: ÖZsfVk. 70 (1967), S. 39–40.
Rost, Hans: Die Bamberger Gärtnerei. In: Die Heimat. Schullesebuch. München o. J. S. 305–310.
Rumpf, K.: Hessische Spatenforschung. In: Zs. d. Ver. f. Hess. Gesch. u. Landeskde. 67 (1956), S. 206 ff.
Schmidt, Leopold: Der randbeschlagene Holzspaten in Ostmitteleuropa. In: DJbfVk. 3 (1957), S. 338–406.
Schmidt, Leopold: Hölzerne Brettschaufeln im steirischen Salzkammergut. Zur Verbreitung und bildlichen Bezeugung eines mittelalterlichen Arbeitsgerätes. In: Zur Kulturgeschichte Innerösterreichs. Fs. f. Hanns Koren. Graz 1966. S. 77–84.
Schmidt, Leopold: Neue Forschungen zu den randbeschlagenen Holzspaten in Mitteleuropa und Böhmen. In: ÖZsfVk. 62 (1959), S. 131–137.
Schmidt, Leopold: Schaufel-Notiz. Zu einem europäischen Arbeitsgerät des Spätmittelalters. In: Arch. f. Völkerkde. IX (Wien 1954), S. 92–94.
Schmidt, Leopold: Spaten-Forschungen. Zu einigen Arbeitsgeräten des frühen Ackerbaues. In: Arch. f. Völkerkde. VIII (Wien 1953), S. 76–141.
Schultz-Klinken, Karl-Rolf: Die Entwicklung der ländlichen Handarbeitsgeräte in Südwest-Deutschland. Akkerbaugeräte für Bestellung, Pflege und Ernte. In: Der Museumsfreund, H. 14/15 (1975), S. 4–110.
Seedorf, Wilhelm: Arbeitsbräuche in der Landwirtschaft. In: Handbuch der Deutschen Volkskunde. Hrsg. v. Wilhelm Peßler, Bd. 1 u. 2. Potsdam o. J. [1935–1938]. Bd. 2, S. 1–32.
Steinmetz, H.: Die landwirtschaftlichen Handarbeitsgeräte Süddeutschlands. In: Illustr. Landw. Ztg. 46 (1926), Nr. 40.
Stockey, F.: Untersuchungen über die Entwicklungsgeschichte der Handhacke in Mitteleuropa. Diss. Hannover 1964.

Sä- und Saatgutbehältnisse

Lies, Elfriede: Zum Säeschaff im Pinzgau. In: ÖZsfVk. 59 (1956), S. 113–121.
Schmidt, Leopold: Bäuerliches Arbeitsgerät in Niederösterreich. In: Atlas von Niederösterreich. Wien 1958.
Schmidt, Leopold: Bauernwerk der Alten Welt. Betrachtungen über den Stand der Erforschung des bäuerlichen Arbeitsgerätes in Österreich. In: Arch. f. Völkerkde. X (Wien 1955), S. 254–274, bes. 266 ff.
Schmidt, Leopold: Der Säekorb im südlichen Burgenland. In: Burgenländ. Heimatbl. XXVI (1964), S. 152–161.
Schmidt, Leopold: Geschichtliche Grundlagen der Gerätekultur. Zu den Aufgaben der Erforschung des bäuerlichen Arbeitsgeräts, dargetan an den Säegeräten in Kärnten. In: Carinthia I, 147 (1957), S. 773–802.
Schmidt, Leopold: La diffusione del cesto da semina lungo l'orlo meridionale alpino. [Die Säekorb-Verbreitung am Alpensüdrand.] In: Ce fastù? Revista della Società Filologica Friulana XXXII (Udine 1956), S. 10–27.

Ernte

Sicheln und Sensen

Brunner, J.: Heimatbuch des bayerischen Bezirksamtes Cham. Cham o. J. S. 156.
Burgstaller, Ernst: Die Sichel als Getreideschnittgerät in Oberösterreich. In: ZAA 11 (1963).
Burgstaller, Ernst: Erntegerät und Arbeitsmethoden in Oberösterreich. In: Jb. d. Musealver. Wels 1956, S. 90 ff.
Fischer, F.: Die blauen Sensen. Graz/Köln 1966.
Hobi, F.: Die Benennung von Sichel und Sense in den Mundarten der Westschweiz. Heidelberg 1926.
Hubatschek, Erika: Bergmahd in Südtirol. In: Tiroler Heimat 20 (1956), S. 87–99.
Ilg, Karl: Die Sense in ihrer Entwicklung und Bedeutung. In: Schlernschr. 53 (Innsbruck 1948). Fs. Hermann Wopfner, S. 179–191.

Kothe, Heinz: Erntemesser und Sichel in ihrer Bedeutung für die Frühgeschichte der Landwirtschaft. In: Folk-Liv (Stockholm) 1957/58, S. 61 ff.
Lühning, Arnold: Die schneidenden Erntegeräte. Diss. Göttingen 1951. (Masch.)
Maurizio, A.: Der Ährenschnitt, die Sichel und das Ährenlesen. In: Journal f. Landwirtsch. 1927, S. 192.
Sandor, D.: Erntegeräte aus Westungarn. In: Néprajzi Közlemények III (Budapest 1958), S. 129 ff.
Schmidt, Leopold: Die Kurzstielsense. Zur Verbreitung und Geltung einer Gruppe europäischer Ernteschnittgeräte. In: Arch. f. Völkerkde. V (Wien 1950), S. 159–182.
Schmidt, Leopold: Gestaltheiligkeit im bäuerlichen Arbeitsmythos. Studien zu den Ernteschnittgeräten und ihre Stellung im europäischen Volksglauben und Volksbrauch. Wien 1952. (= Veröff. d. Österr. Mus. f. Vkde. I.)
Schmidt, Leopold: Sensenscheiden. Scheiden europäischer Ernteschnittgeräte mit besonderer Berücksichtigung von Südtirol. In: Der Schlern XXIII (Bozen 1949), S. 347–351.
Schmidt, Leopold: Verbreitungshinweise zur Gestellsense. In: SchweizArchfVk. XLVIII (1952), S. 31–43.
Schultz-Klinken, Karl-Rolf: Die Entwicklung der ländlichen Handarbeitsgeräte in Südwest-Deutschland. Akkerbaugeräte für Bestellung, Pflege und Ernte. In: Der Museumsfreund, H. 14/15 (1975), S. 4–110.
Steensberg, A.: Ancient harvesting implements. Kopenhagen 1943.
Takacs, Lajos: Kaszasarlok Magyarszágen. [Sensensicheln in Ungarn.] In: Ethnographia LXXVIII (Budapest 1967), H. 1.
Timm, Albrecht: Zur Geschichte der Erntegeräte. In: ZAA 4 (1956), S. 24 ff.
Traunfelder, A.: Die Schnitt- oder Getreideernte und das Dreschen in unserer Heimat. In: Ansbacher Kulturspiegel, H. 17 (1968).

Wetzgeräte und Dengelzeug

Gschwend, Max: Vom Dengeln. In: SchweizVk. 42 (1952), S. 1–8.
Kapfhammer, Günther: Der Straubinger Gesindemarkt und die Erntezeit im Gäuboden. Eine volkskundliche Untersuchung. In: Karl Bosl (Hrsg.): Straubing, das neue und alte Gesicht einer Stadt im altbayerischen Kernland. Fs. aus Anlaß d. 750. Gründ.-Jub. Straubing 1968. S. 275–293 (mit Karte).
Stief, W.: Dengelhämmer. In: Volkswerk I (1941), S. 277 f.

Rechen

Hugger, Paul: Der Rechenmacher. Basel 1968. (= Schweiz. Ges. f. Vkde., Reihe Sterbendes Handwerk 20.)
Leythäuser, L.: Wirtschaftliche und industrielle Rundschau im Gebiet des inneren Bayerischen Waldes. Passau 1906.
Moser, Oskar: Der »Heurechen« in Südtirol. Eine Bestandsaufnahme des Arbeitsgerätes in jüngster Zeit. In: Der Schlern 52 (1978), S. 251–268.
Moser, Oskar: Der Heurechen. Versuch einer volkskundlichen Bestandsaufnahme des Arbeitsgerätes in Kärnten. In: Carinthia I, 142 (Klagenfurt 1952), S. 463–494.
Moser, Oskar: Grasrechen I – Grundtypen, II – Bildblatt, III – Bezeichnung des Rechenstils, IV – Bezeichnung des Rechenbalkens. In: Österr. Volkskundeatlas (ÖVA), 4. Lfg. (1971), Bl. 61–64.
Walter, Sepp: Der Heurechen in der Steiermark. In: Atlas zur Geschichte des steirischen Bauerntums. Hrsg. v. Fritz Posch. Graz 1976. Bl. 39,1.

Gabeln

Murko, Matthias: Zur Geschichte der Heugabel (slav. vidly). In: Wörter und Sachen 12 (1929), S. 316–341.
Pallavicini, E.: Die Formen der Heugabel. In: Landw. Jb. d. Schweiz 1941.
Zoltan, E.: Die Balkanhandelswege der Holzgabelmacher von Bakonybel. In: Néprajzi Közlemények IV, 4 (Budapest 1959), S. 8 ff.

Dreschwerkzeuge

Dias, Jorge: Verbreitung und Geschichte der Dreschmethoden auf der iberischen Halbinsel. In: ZsfVk. 64 (1968), S. 186 ff.
Jacobeit, Wolfgang / Quietzsch, Rudolf: Forschungen zur bäuerlichen Arbeit und Wirtschaft im Institut für deutsche Volkskunde Berlin. Stand und Aufgaben. In: DJbfVk. 11 (1965). Fs. f. Wolfgang Steinitz. S. 59–82.
Kovács, László K.: Die ungarischen Dreschflegel und Dreschmethoden. In: Acta Ethnographica I (Budapest 1950), S. 41–89.
Meyer-Lübke, W.: Zur Geschichte der Dreschgeräte. In: Wörter und Sachen 1 (1909), S. 211–245.
O'Danachair, Caoimhin: The Flail in Ireland. In: Ethnologia Europaea IV (1970), S. 50 ff.

Prasch, Helmut: Eine Volkskunde Oberkärntens. Begleiter durch das Bezirksheimatmuseum Spittal/Drau – Kärnten. Spittal 1965.

Söhngen, Karl: Flegel und Handdreschmaschine. In: Volk u. Scholle 1937, S. 227–229.

Traunfelder, A.: Die Schnitt- oder Getreideernte und das Dreschen in unserer Heimat. In: Ansbacher Kulturspiegel 17 (1968).

Trotzig, Dag: Slagan och andra trösk redskap. In: Nordisk Museets handlinger 17 (Stockholm 1943).

Vilppula, Hilkka: Das Dreschen in Finnland. Helsinki 1955.

Getreidereinigungsgeräte und Getreidemaße

Alberti von, H. J.: Maß und Gewicht. Geschichte und tabellarische Darstellung von den Anfängen bis zur Gegenwart. Berlin 1957.

Auböck, J.: Landlexikon über Münzen, Geldwerthe, Tauschmittel, Zeit-, Raum- und Gewichtsmaße der Gegenwart und Vergangenheit aller Länder der Erde. Wien 1893.

Flückinger, P. F.: Die Terminologie der Kornreinigung in den Mundarten Mittel- und Süditaliens. In: Romanica Helvetica 48 (Bern 1954).

Königlich Bayerisches Regierungsblatt 1811. S. 1183 ff.

Moser, Oskar: Die Kärntner Rätsel von »Reiter« und Sieb. Fs. f. Oskar Moser. Klagenfurt 1974. (= Arch. f. vaterländ. Gesch. u. Topogr. 65.)

Prickler, H.: Alte Getreidemaße im österreichisch-ungarischen Grenzraum. In: Wiss. Arbeiten aus d. Burgenland 35 (Eisenstadt 1966), S. 418 ff.

Ritz, Josef Maria: Hohlmaße in bayerischen Museen. In: Volkswerk II (1942), S. 174 ff.

Weiss, Dieter: Sieb und »Reiter«. Ein Beitrag zum Sachbefund dieser Gerätegruppe. In: ÖZsfVk. 80 (1977), S. 116–135.

Tierhaltung

Schellen, Rollen und Glocken

Hörmann, K.: Das Herdengeläut und seine Bestandteile. Gießen 1917.

Schneider, Manfred: Herdengeläute (Kuhglocken, Schellen und Rollen). In: Der Schlern 51 (1977), S. 617–622.

Wetzer, Rudolf: Schellenschmieden im Hersbrucker Land. In: Heimat Hersbruck 1955, S. 3 ff.

Zäune

Blau, Josef: Böhmerwälder Hausindustrie und Volkskunst. Prag 1918. (= Beitr. z. dt.-böhm. Vkde. XIV.)

Eysn, A.: Volkskundliches aus dem bayerisch-österreichischen Alpengebiet. Braunschweig 1910.

Gebhard, Torsten: Wegweiser zur Bauernhausforschung. München 1957.

Grass, A.: Zaun und Zaunrecht. Innsbruck 1938.

Haberlandt, Arthur: Taschenwörterbuch der Volkskunde Österreichs. Der andere Teil: Ländliche Arbeit, Geräte, Glauben, Brauch und Spiel. Wien 1958. (Stichwort Zäune.)

Hornung, Maria: Mundartkunde Osttirols. Eine dialektgeographische Darstellung mit volkskundlichen Einblicken in die altbäuerliche Lebenswelt. Wien 1964. (= Studien z. österr.-bair. Dialektkde. d. Österr. Akad. d. Wiss. 3.)

Schmidt, Leopold: Volkskunst in Österreich. Wien 1966.

Schweizer Altas für Volkskunde (SAV) I, 72, 73.

Geräte zur Schafhaltung

Bringemeier, Martha: Über Schäfer und Schafzucht. Berichte. Aus den Beständen des Archivs für westfälische Volkskunde zusammengestellt. Münster 1954.

Heimberger, Heiner: Von Schippenschmieden und Schäferschippen. In: BJbfVk. 1955, S. 57–68.

Jacobeit, Wolfgang: Schafhaltung und Schäfer in Zentraleuropa bis zum Beginn des 20. Jahrhunderts. Berlin 1961.

Kretzenbacher, Leopold: Volkskultur des Hirtentums. Zu Hans Georg Wackernagels Sammelwerk: »Altes Volkstum der Schweiz«, 1956. In: Zs. d. Hist. Ver. f. Stmk. IL (1958), S. 166–173.

Reiter, Robert (Hrsg.): Schäferei im Coburger Land unter besonderer Berücksichtigung Ahorns und des künftigen Gerätemuseums in der Alten Schäferei. In: Bl. z. Gesch. d. Coburger Landes 6 (1977), S. 1–48.

Schmidt, Leopold: Das Stachelhalsband des Hirtenhundes. In: DJbfVk. VI (1960), S. 154–181.

Schmidt, Leopold: Der Ringstock der Hirten im Burgenland und in der Dreiländerecke. In: Burgenl. Heimatbl. XXI (1959), S. 207–218.

Schmidt, Leopold: Die Ringlstecken des Lavanttales. In: Carinthia I, 149 (Klagenfurt 1959), S. 567–572.

Nahrungswesen

Geräte zur Butterherstellung und sonstige almwirtschaftliche Geräte

Bucher, J.: Sennereigerätschaften einer Obwaldener Alpenhütte. In: SchweizArchfVk. 11 (1907), S. 286 ff.
Edelmann, Max: Die Almen im Tegernseer Tal. Zur Rechts- und Wirtschaftsgeschichte des ehemaligen Klostergerichtes Tegernsee. Diss. München/Innsbruck 1966.
Erich, O. A.: Tongefäße in der Milchwirtschaft. In: Volkswerk I (1941), S. 227 ff.
Fanger, J.: Die Alpwirtschaft Oberwaldens. Bern 1956.
Frutiger, Max: Chas und Ziger, Milch und Anke. In: Berner Zs. f. Gesch. u. Heimatkde. 1956, S. 18–46.
Gebhard, Torsten: Die Auswertung des Massivholzes in der volkskundlichen Sachkultur und verwandte Erscheinungen. In: BJbfVk. 1962, S. 128–149.
Gebhard, Torsten: Die Sachkultur der Almwirtschaft in Bayern. In: BJbfVk. 1955, S. 45–56.
Gebhard, Torsten: Primitivmöbel. In: Arbeit und Volksleben. Deutscher Volkskundekongreß 1965 in Marburg. Hrsg. v. Wilhelm Hansen. Göttingen 1967. (= Veröff. d. Inst. f. mitteleurop. Volksforsch. a. d. Philipps-Univ. Marburg-Lahn 4.) S. 198 ff.
Gebhard, Torsten: Zur Chronologie und Typologie einiger volkstümlicher Holz- und Metallgefäße. In: BJbfVk. 1959, S. 36–40.
Guyan, W. U.: Zur Herstellung und Funktion einiger jungsteinzeitlicher Holzgeräte vom Thayinger Weiher. Zürich 1966.
Gyr, W.: La vie rurale et alpestre de val d'Anniviers. In: Romanica Helvetica 18 (1945).
Haiding, Karl: Almwirtschaft in der Steiermark. Gröbming 1962. S. 76.
Hubschmid, J.: Schläuche und Fässer. Bern 1955.
Hugger, Paul: Die Alpkäserei im Waadt Länder Jura. Basel 1971. (= Schweiz. Ges. f. Vkde., Reihe Sterbendes Handwerk 26.)
Kretzenbacher, Leopold: Vom steierischen »Rahmzweck«. In: Die Österr. Milch- u. Fettwirtsch. 4 (Wien 1949), S. 141–143.
Krüger, F.: El mobiliario en los paises romanicos. Mendoza 1959. Bes. Tf. VI u. XVb.
Louis, Carlen (Hrsg.): Das Holz im Oberwallis. Visp 1975.
Moritz, A.: Die Almwirtschaft im Stanzertal. Innsbruck 1956.
Prasch, Helmut: Eine Volkskunde Oberkärntens. Begleiter durch das Bezirksheimatmuseum Spittal/Drau – Kärnten. Spittal 1965. S. 18 f.
Ramseyer, R.: Das altbernische Küherwesen. Bern 1961.
Reiss, Gerhard: Die Käs- oder Keeskar, ein aussterbendes Hausgerät. In: Pfälzer Heimat 3 (1952), S. 26 ff.
Rittler, B.: Gebrauch und Herstellung von Holzgefäßen im Lötschental. In: SchweizArchfVk. 52 (1956), S. 70–79.
Schmidt, Leopold: Der einbeinige Melkschemel in den österreichischen Alpenländern. In: Fs. f. Sigur Erixon. Stockholm 1958. (= Folk-Liv XXI/XXII (Stockholm 1957/58).) S. 135–156.
Schmidt, Leopold: Melkschemel und Hüttenstuhl. Zur Geschichte des einbeinigen Arbeitssitzes. In: Der Schlern XLVI (Bozen 1973), S. 11–18.
Schmidt, Leopold: Zur Verbreitung des einbeinigen Melkschemels im westlichen Kärnten. In: Carinthia I, 152 (1962), S. 290–301.
Tognina, R.: Lingua e cultura della valle di Poschiavo. Basilea 1967.
Unser, Kurt: Zur Gerätekunde der Almwirtschaft. In: ÖZsfVk. 74 (1971).
Weiss, Richard: Das Alpwesen Graubündens. Erlenbach-Zürich 1943.

Geräte zur Nahrungsbereitung

Der Steirische Bauer. Kat. d. gleichnam. Ausst. Graz 1966.
Dias, Jorge: Tretanken und Wasseranken in Portugal. Mendoza 1954.
Gamerith, Anni: Lebendiges Ganzkorn. Bad Goisern 1956.
Harvolk, Edgar: Arbeitsgeräte. In: Lebendiges Gestern. Erwerbungen von 1959 bis 1974. Berlin 1975. (= Schr. d. Mus. f. Dt. Vkde. Berlin I.) S. 161–184.
Lanser, O.: Tiroler Volkstechnik. In: Schlernschr. 107 (Innsbruck 1954).
Moser, Oskar: Anken und Stampfen. Über einige Arten bäuerlicher Stampfgeräte und ihre Namen in Kärnten und Steiermark. In: Carinthia I, 149 (Klagenfurt 1959), S. 523–566.
Pietrusky, P.: Geräthe zur Kartoffelkultur. In: Die Kartoffel und ihre Kultur. Amtlicher Bericht über die Kartoffelausstellung zu Altenburg vom 14.–19. Oktober 1875 und ihre Ergebnisse. Berlin 1876.
Tempir, Zdenek: Typy rucnich a noznich stup v Československu. In: Český Lid 49 (1962), S. 104 ff.
Wildhaber, Robert: Gerstenmörser, Gerstenstampfe, Gerstenwalzen. In: SchweizArchfVk. 45 (1948), S. 177–208.

Geräte zum Brotbacken

Andessner, J.: Das Backen des Bauernbrotes im unteren Innviertel. In: Oberösterr. Heimatbl. 20 (1966).

Assion, Peter: Die altfränkische Backstube. In: Der Odenwald 13, 10 (1966), S. 92 ff.

Benker, Gertrud: Brotbacken nach altem Brauch. Bilddokumentation, 1973. In: BJbfVk. 1972/75, S. 211–213.

Binder, Fred: Die Brotnahrung. Auswahl-Bibliographie zu ihrer Geschichte und Bedeutung. Ulm/Donau 1973. (= Schriftenr. d. Dt. Brotmus. 9.)

Dorschner, T.: Das Brot und seine Herstellung in Graubünden und Tessin. Winterthur 1936.

Holl, Imre: Mittelalterliche Funde aus dem Brunnen in Buda. Budapest 1966. S. 55.

Krüger, F.: Aportes a la tipologia del Salero. Madrid 1961. (= Homenaje a Damaso Alonso II.)

Maurizio, A.: Die Geschichte unserer Pflanzennahrung von den Urzeiten bis zur Gegenwart. Berlin 1927.

Meise, H.: So backt der Bauer sein Brot. Bielefeld 1959.

Moro, Oskar: Volkskundliches aus dem Kärntner Nockgebiet. Klagenfurt 1952.

Schilling-Thöne, A.: Wort- und sachkundliche Untersuchung zur Synonymik des Backtroges. Ein Beitrag zur Typologie der Gefäßforschung. Gießen 1964. (= Dt. Wortforsch.)

Tognina, Riccardo: Lingua e cultura della valle di Poschiavo. Basilea 1967.

Treuer, R.: Weihnachtsbrotbacken im Pinzgauer Bauernhof. In: Salburger Mus. Carolino Augusteum, Jahresh. 1956. Salzburg 1957. S. 94 ff.

Vieli, R.: Die Terminologie der Mühle in Romanisch Bünden. Chur 1927.

Währen, M.: Brot und Gebäck im Leben und Glauben des alten Orient. Bern 1967.

Wopfner, Hermann: Bergbauernbuch. Von Arbeit und Leben des Tiroler Bergbauern in Vergangenheit und Gegenwart. Bd. 1 u. 2. Innsbruck/Wien/München 1960. Bd. I, S. 626 ff.

Textilwesen

Geräte zur Flachsbearbeitung

Bertele, H.: Der Lein oder Flachs, dessen Anbau und Behandlung, bis derselbe dem Weber und als Tuch dem Bleicher übergeben wurde. In: Dt. Gaue 13 (1912), S. 104 ff.

Biallon, I. C.: Praktische Anweisung zum Flachs- und Hanfbau. Hannover 1794.

Blau, Josef: Böhmerwälder Hausindustrie und Volkskunst. II. Teil: Frauen – Hauswerk und Volkskunst. Prag 1918. (= Beitr. z. dt.-böhm. Vkde. XIV, 2.) Bes. S. 1–66.

Brunner, Karl: Die Garnweife der Garnhaspel. In: Zs. d. Ver. f. Vkde. 28 (1918), S. 56–63.

Buller/Hoefler, H.: Vom Flachsbau im Isarwinkel. In: Bayer. Heimatschutz 19 (1921).

Dichtel, F.: Flachs und Schafwolle. In: Katalog der 5. Sonderausstellung im Mühlviertler Heimathaus. Freistadt 1956.

Harvolk, Edgar: Flachs – Anbau und Nutzung; Flachs – die Gewinnung der Faser; Flachs – Arbeit und Brauch. Hrsg. v. d. Staatl. Mus. Preuß. Kulturbes. Berlin. Berlin 1975. (= Führungsbl. d. Mus. f. Dt. Vkde. 979/22–981/22.)

Höhl, L.: Rhönspiegel 1892.

Ithen, Anna: Flachs und Hanf. In: SchweizArchfVk. 10 (1906), S. 228–250.

Jirlow, R.: Zur Terminologie der Flachsbereitung in den germanischen Sprachen. Göteborg 1926.

Kastner, Heinrich: Bäuerliche Flachsbearbeitung. In: Heimat u. Volkstum 16 (1938), S. 81–91.

Lidl, Max: Landwirtschaftliche Reisen durch den Bayerischen Wald. Regensburg 1865. Bes. S. 44 ff.

Rotheigner, M.: Vom Flachs im Mündungsgebiet der Murach, Landkreis Nabburg. In: Die Oberpfalz 56 (1968), S. 88 ff.

Sauer, Josef: Vom Flachsfeld zum Bauernleinen. In: Volk u. Heimat 13 (1937), S. 60–67.

Schachterl, A.: Der Flachsbau und die Flachsbereitung im nördlichen Böhmerwald. In: ZsföVk. 19 (1913), S. 105 ff.

Schoneweg, Eduard: Das Leinengewerbe in der Grafschaft Ravensburg. Ein Beitrag zur niederdeutschen Volks- und Altertumskunde. Bielefeld 1923.

Geräte zum Spinnen und Weben

Blau, Josef: Böhmerwälder Hausindustrie und Volkskunst. II. Teil: Frauen-Hauswerk und Volkskunst. Prag 1918. (= Beitr. z. dt.-böhm. Vkde. XIV, 2.) Bes. S. 67–83.

Bodmer, Annemarie: Spinnen und Weben im französischen und deutschen Wallis. Erlenbach-Zürich 1940. (= Romanica Helvetica 16.)

Hassler, Fr.: Vom Spinnen und Weben. München/Düsseldorf 1952.

Hoffmann, Marta: The worp-weighted loom. Oslo 1964. (Mit reichen Literaturhinweisen.)

Kimakowicz-Winnicki, M. V.: Spinn- und Webewerkzeuge. Leipzig 1910. (= Manus-Bibliothek 2.)
Rettich von, H.: Spinnradtypen. Eine Sammlung von Handspinngeräten. 1895.
Scheuermeier, Paul: Bauernwerk in Italien, der italienischen und rätoromanischen Schweiz. Sprach- und Sachatlas Italiens und der Südschweiz. Hrsg. v. K. Jaberg u. J. Jud. Illustr.-Bd. 1 u. 2. Bd. I: Eine sprach- und sachkundliche Darstellung landwirtschaftlicher Arbeiten und Geräte. Erlenbach-Zürich 1943. Bd. II: Eine sprach- und sachkundliche Darstellung häuslichen Lebens und ländlicher Geräte. Bern 1956. Bes. Bd. II.
Schwarz, A.: Der Haspel. Basel 1945. (= Ciba-Rundschau 64.)
Sohnrey, Heinrich / Schröder, Hugo: Der Spinntrupp im deutschen Volkstum. Berlin 1939.
Strobl, Lorenz: Vom Spinnrad und der Kunkelstuben. In: Heimat u. Volkstum 14 (1936), S. 286–288, 292–294.
Usteri, Ruth: Croquis de la vie des femmes au Pays d'Enhaut (Ct. de Vaud). Erlenbach-Zürich 1940. (= Romanica Helvetica 15.)
Weben und Wirken. Sonderh. d. Berliner Volkskundemus. Berlin 1941.

Geräte zur Wäschepflege

Dichtel, F.: Flachs und Schafwolle. In: Katalog der 5. Sonderausstellung im Mühlviertler Heimathaus. Freistadt 1956.
Heine, N. G.: Manglebraet og Folkekunst. Kopenhagen 1946.
Opperer, Georg: Die Mang im Gebrauch von Haushalten und Werkstätten. In: Tiroler Heimatbl. 19 (1941), S. 53 ff.
Waggerl, K. H.: Schöne Sachen. Bäuerliches Brauchgut. Salzburg 1967.

Hauswesen

Hölzerne Kleingeräte und Küchengeräte

Benker, Gertrud: Alte Bestecke. München 1978.
Benker, Gertrud: Altes bäuerliches Holzgerät. München 1976.
Benker, Gertrud: Altes Küchengerät und Kochpraxis. Teil I [Der Bratspieß. Der Bratrost.]. In: BJbfVk. 1972/75, S. 136–179. Teil II [Die Pfanne.]. In: BJbfVk. 1976/77, S. 252–281.
Benker, Gertrud: Kuchlgschirr und Essensbräuch. Regensburg 1977.
Benker, Gertrud: Quellen der heimatlichen Geräteforschung, aufgezeigt am Beispiel der Küchengeräte. In: Schönere Heimat 60 (1971), S. 86–89.
Dexel, Walter: Das Hausgerät Mitteleuropas. Wesen und Wandel der Formen in zwei Jahrtausenden. Deutschland, Holland, Österreich, Schweiz. Braunschweig/Berlin 1962.
Dexel, Walter: Deutsches Handwerksgerät. Eine Kultur- und Formgeschichte des Hausgerätes. Berlin 1939.
Egger, Gerhard: Beschläge und Schlösser an alten Möbeln. München [2]1977.
Fink, Hans: Zur tirolischen Eß- und Trinkkultur. Geschichte und Entwicklung. Hrsg. v. d. Kurverw. Brixen anläßl. d. 5. Kuchlkirchtigs. Brixen 1977.
Herrmann, F.: Die Tiroler Buttermodel. In: Oberdt. Zs. f. Vk. 8 (1934), S. 156 ff.
Horn, Erna: Drei altbayerische Koch- und Kulturdokumente. München 1974. (= Reihe Bavarica antiqua 5.)
Meringer, Rudolf: Das deutsche Haus und sein Hausrat. Leipzig 1906. (= Aus Natur u. Geisteswelt 116.)
Moro, Oskar: Volkskundliches aus dem Kärntner Nockgebiet. Klagenfurt 1952.
Nüssel, Fritz: Schlüssel und Schloß. Schönheit, Form und Technik im Wandel der Zeiten, aufgezeigt an der Sammlung Heinrich Pankofer, München. München 1973.
Peesch, Reinhard: Holzgerät in seinen Urformen. Berlin 1966. (= Veröff. d. Inst. f. dt. Vkde. d. Dt. Akad. d. Wiss. zu Berlin 42.)
Prasch, Helmut: Eine Volkskunde Oberkärntens. Begleiter durch das Bezirksheimatmuseum Spittal/Drau – Kärnten. Spittal 1965. Bes. S. 135.
Renaud, J. G. N.: Auf der Fährte der mittelalterlichen Holzkultur in den Niederlanden. In: Volkswerk III (Bern 1943), S. 107 ff.
Schidlausky, Günther: Über den flachen Holzteller. In: Anzeiger d. German. National-Mus. 1954–1959 (1960), S. 170–191.
Schmidt, Leopold: Volkskunst in Österreich. Wien 1966.
Usteri, R.: Croquis de la vie des femmes au Pays d'Enhaut (Ct. du Vaud). In: Romanica Helvetica 15 (1940).
Waggerl, K. H.: Schöne Sachen. Bäuerliches Brauchgut. Salzburg 1967.
Wildhaber, Robert: Küchengeräte. In: Führer durch das

Museum für Völkerkunde und Schweizer Museum für Volkskunde Basel. Sonderausst. 15. 12. 1962–15. 5. 1963. Sep.-Dr. aus SchweizVk. 52 (1962).
Wühr, Hans: Alte Küchen und Küchengeräte. Darmstadt o. J. (= Wohnkunst u. Hausrat, einst u. jetzt 7.)

Geräte zur Heizung, Beleuchtung und Wasserversorgung

Ast, Hiltraut: Wasserleitungs- und Brunnenbau an der Schwelle zum Industriezeitalter. In: ÖZsfVk. 80 (1977), S. 24–41.
Bedal, Konrad: Ofen und Herd im Bauernhaus Nordostbayerns. Eine Untersuchung der älteren Feuerstätten im ländlichen Anwesen des östlichen Franken und der nördlichen Oberpfalz. München 1972, zgl. Diss. München 1970. (= Beitr. z. Volkstumsforsch. d. Inst. f. Vkde. d. Komm. f. Bayer. Landesgesch. b. d. Bayer. Akad. d. Wiss. XX.)
Dachler, Anton: Die alte bäuerliche Beheizung in Oberösterreich. In: ZsföVk. 21/22 (1915/16).
Peer, Andri: Küche und Heizung im Bauernhaus Romanisch Bündens. In: SchweizArchfVk. 56 (1960).
Pommerening, Joachim: Die Spanbeleuchtung. In: 75 Jahre Museum für Volkskunde zu Berlin 1889–1964. Fs. Berlin 1964. S. 153–168.
Preen von, Hugo: Einiges über ländliche Beleuchtungsarten im Bezirke Braunau a. I. In: ZsföVk. 3 (1897).
Schömer, Rosa: »Geanmaul« und »Maulauf«. In: Wiener ZsfVk. 31 (1926), S. 6–9.
Wietek, Gerhard: Altes Gerät für Feuer und Licht. Oldenburg/Hamburg 1964.

Geräte zum Dachdecken

Felder, Peter: Das Aargauer Strohhaus. Bern 1961. (= Schweizer Heimatbücher, Aargauische Reihe 6.) Bes. S. 17 ff.
Gimbutas: Das Dach des litauischen Bauernhauses aus dem 19. Jahrhundert. Stuttgart 1948.
Lech-Isarland 11 (Weilheim 1935), S. 101–102.
Maresch, Franz: Das bäuerliche Handwerk. (Nach Beobachtungen in der Loich, Niederösterreich.) In: ÖZsfVk. 71 (1968), S. 153.
Müller, Armin: Der Schindelmacher deckt eine Almhütte. Basel 1968. (= Schweiz. Ges. f. Vkde., Reihe Sterbendes Handwerk 16.)
Schier, Bruno: Hauslandschaften und Kulturbewegungen im östlichen Mitteleuropa. Göttingen [2]1966.
Schroeder, W. / Krüger, F.: Haus und Hausrat des alten Luchonnais. In: Innsbrucker Beitr. z. Kulturwiss. 9/10 (Innsbruck 1963), S. 235 ff., bes. 259 f.
Weinhold, R.: Bäuerliches Arbeitsgerät in den Museen Mecklenb. In: DJbfVk. V (1959), S. 87 ff., bes. 105.

Transport

Handtragkörbe und Rückentraggeräte

Gandert, A.: Tragkörbe in Hessen. Kassel 1963.
Hävernick, W.: Die Formen des Tragkorbes in Thüringen. In: Beitr. z. dt. Volks- u. Altertumskde. 1 (1954), S. 61–78.
Hugger, Paul: Der Korbflechter. Basel 1968. (= Schweiz. Ges. f. Vkde., Reihe Sterbendes Handwerk 17.)
Koch, Emil: Strohkörbe als Urgefäß. In: WürttJbfVk. 1956, S. 54–63.
Krüger, F.: Géographie des traditions populaires en France. Mendoza 1950.
Kutzelnigg, Artur: Die Brente. Ein alpenländisches, auf dem Rücken getragenes Gefäß. Worterklärung aus der Sachgeschichte. In: ÖZsfVk. 75 (1972), S. 1–15.
Ladurner-Parthanes, Matthias: Die Pferggl. Ein uraltes Trag- und Zuggerät als Fördermittel im Passeier. In: Der Schlern 48 (1974), S. 459–464.
Reimann, M.: Sachkunde und Terminologie der Rükkentraggefäße. Diss. Zürich 1947.
Scheuermeier, Paul: Bauernwerk in Italien, der italienischen und rätoromanischen Schweiz. Sprach- und Sachatlas Italiens und der Südschweiz. Hrsg. v. K. Jaberg u. J. Jud. Illustr.-Bd. 1 u. 2. Bd. I: Eine sprach- und sachkundliche Darstellung landwirtschaftlicher Arbeiten und Geräte. Erlenbach-Zürich 1943. Bd. II: Eine sprach- und sachkundliche Darstellung häuslichen Lebens und ländlicher Geräte. Bern 1956.
Schier, Bruno: Das Flechten im Lichte der historischen Volkskunde. Frankfurt 1951.
Steigerwald, E.: Zu Handwerk und Berufssprache der Korbmacherei in Süddeutschland. München 1959.
Valonen, N.: Geflechte und andere Arbeiten aus Birkenrindenstreifen. KTA IX (Vammala 1952).
Will, Christoph: Die Korbflechterei. Schönheit u. Reichtum eines alten Handwerks.
Material-Technik-Anwendung. München 1978

Wasser- und sonstige Behältnisse

Egloff, Wilhelm: Ein Faß wird aufgesetzt. Die Arbeit des Küfers. Basel 1966. (= Schweiz. Ges. f. Vkde., Reihe Sterbendes Handwerk 7.)

Giese, Wilhelm: Wassergefäße. Fragen des Transportes und des Trinkens. In: ZsfVk. 54 (5958), S. 278–294.
Hubschmid, J.: Schläuche und Fässer. Bern 1955.
Ordnung des Handwerks der Büttner zu Würzburg vom 1. 4. 1555. In: W. Zils: Bayerisches Handwerk in seinen alten Zunftordnungen. München o. J. S. 20 ff.
Rittler, B.: Gebrauch und Herstellung von Holzgefäßen im Lötschental. In: SchweizArchfVk. 52(1956), S. 70 ff.
Scheuermeier, Paul: Wasser- und Weingefäße im heutigen Italien. Bern 1934.
Schmidt, Leopold: Vom Baum zum Faß. Ausst. im Niederösterr. Landesmus. Wien. In: ÖZsfVk. 64 (1961), S. 37.
Zunftordnung der Schäffler zu Freising 1481. In: W. Zils: Bayerisches Handwerk in seinen alten Zunftordnungen. München o. J. S. 118 f.

Anspanngeräte

Freudenberg, Rudolf: Ortscheit und Waage. Zur Sachgeschichte des Zugholzes an Wagen und Pflug. In: HessBlfVk. 51/52 (1960), S. 29–61.
Jacobeit, Wolfgang: Das Joch. Entwicklung, Alter und Verbreitung. Diss. Göttingen 1948.
Jacobeit, Wolfgang: Jochgeschirr und Spanntiergrenze. In: DJbfVk. 3, 1 (1957), S. 119–144.
Jacobeit, Wolfgang / Quietzsch, Rudolf: Bäuerliches Arbeitsgerät im Museum für Volkskunde zu Berlin. In: 75 Jahre Museum für Volkskunde zu Berlin 1889–1964. Fs. Berlin 1964. S. 65–111, bes. 102 ff.
Koren, Hanns: Jochformen und Jochnamen in Innerösterreich. In: Veröff. d. Verb. österr. Geschichtsver. 11 (Wien 1957).
Kramarik, Jaroslav: Zaprah skotu v Posumavi. In: Československa Etnografie 8 (1960), S. 253 ff.
Lohss, Max: Von alten Gespannen – insonderheit von altschwäbischen. In: Schwäb. Heimat 8 (1957), S. 12–17.
Mörgeli, W.: Die Terminologie des Joches und seiner Teile. Zürich 1940.
Steininger, H.: Die Kummetkämme im Niederösterreichischen Landesmuseum. In: ÖZsfVk. 69 (1966), S. 81 ff.

Karren, Wagen und Schlitten

Berg, G.: Sledges and wheeled vehicles. Stockholm 1935.
Bockhorn, Olaf: Bau eines Ackerwagens. Göttingen 1977. (= Publik. zu Wissenschaftl. Filmen, Sektion Ethnologie 7, 26.)
Bockhorn, Olaf: Wagen und Schlitten im Mühlviertel. Bd. 1–2. Bd. I: Darstellung. Bd. II: Dokumentation. Linz 1973 u. 1978. (= Beitr. z. Landeskde. v. Oberösterr., Hist. Reihe I, 2–3.)
Fenton, Alexander: On the Mapping of Carts and Wagons in Europe. In: Ethnologia Europaea IX (1976), S. 1–13.
Fokkens, H. G.: Het Wagenmakersbedrijf in Friesland. Arnhem 1967.
Gierl, Irmgard: Altbayerische Wagen. In: BJbfVk. 1951, S. 164–166.
Hagar, H.: Der osteuropäische Arbeitsschlitten bei den Ostfinnen. In: Finno-Ugrische Forsch. XXXIII (1958).
Haiding, Karl: Seilhölzer des steirischen Ennsbereiches. In: SchweizArchfVk. 68/69 (1972/73), S. 224–234.
Hedeler [Heinrich]: Ein alter Wagner erzählt. In: Mitt. d. Ver. Oberpfälz. Bauernmus., H. 7 (März 1968), S. 7–14.
Hubatschek, Erika: Bauernwerk in den Bergen. Innsbruck 1961.
Hugger, Paul: Ein Rad wird gebaut. Die Arbeit des Wagners, Nachtr. Basel 1968. (= Schweiz. Ges. f. Vkde., Reihe Sterbende Handwerk 2.)
Koren, Hanns: Altertümliche Schlitten in Steiermark. In: Zs. d. Hist. Ver. f. Stmk. XXXIX (Graz 1948).
Ladurner-Parthanes, Matthias: Unser »Loaterwagen« und seine Bestandteile. In: Der Schlern 30 (1956), S. 65–71.
Moser, Oskar: Die Schlittenabfahrt vom Luschariberg. Sachkundliche Beiträge zu einem ungewöhnlichen Wallfahrerbrauch. In: ÖZsfVk. 80 (1977), S. 189–212 (einschl. Abb. 1–9).
Prasch, Helmut: Eine Volkskunde Oberkärntens. Begleiter durch das Bezirksheimatmuseum Spittal/Drau – Kärnten. Spittal 1965.
Ritz, J[osef]. M[aria].: Bäuerliche Geräteforschung. In: BJbfVk. 1952, S. 13–18.
Scheuermeier, Paul: Bauernwerk in Italien, der italienischen und rätoromanischen Schweiz. Sprach- und Sachatlas Italiens und der Südschweiz. Hrsg. v. K. Jaberg u. J. Jud. Illustr.-Bd. 1 u. 2. Bd. I: Eine sprach- und sachkundliche Darstellung landwirtschaftlicher Arbeiten und Geräte. Erlenbach-Zürich 1943. Bd. II: Eine sprach- und sachkundliche Darstellung häuslichen Lebens und ländlicher Geräte. Bern 1956.
Schmolke, W.: Transport und Transportgerät in den französischen Zentralalpen. Hamburg 1938.
Treue, W.: Achse, Rad und Wagen. 8000 Jahre Kultur- und Technikgeschichte. München 1925.
Wille, Ed[uard].: Landwirtschaftliche Geräte und Fahrnisse (mundartliche Bezeichnung ihrer Teile). In: Bayer. Hefte f. Vk. 12 (1939), S. 33–34.

Holzgewinnung und Holzverarbeitung

Geräte zur Holzgewinnung und Holzverarbeitung

Ast, Hiltraud: Das Museum in der alten Hofmühle zu Gutenstein in Niederösterreich. In: ÖZsfVk. 69 (1966), S. 192 ff.

Erixon, Sigur: En timringsraedskap in Kulturgeografisk belysning. In: Rig 16 (1933), S. 29 ff.

Feldhaus, F.: Die Säge. Berlin 1921.

Gebhard, Torsten: Die Auswertung des Massivholzes in der volkskundlichen Sachkultur und verwandte Erscheinungen. In: BJbfVk. 1962, S. 128–149.

Haiding, Karl: Wald und Holz. Hrsg. v. Steierm. Landesmus. Joanneum Graz. Graz 1973. (= Führungsbl. d. Landschaftsmus. Schloß Trautenfels 711/13.)

Janotka, Miroslav: Priprava a uziti stipaneho dreva v tradicni vyrobe. In: Český Lid 50 (1962), S. 152 ff.

Koller, Engelbert: Maishacke und Baumsäge. Zur Geschichte des Holzknechtwerkzeugs im Salzkammergut. In: Oberösterr. Heimatbl. 7 (1953), S. 78–80.

Loritz, Ch.: Bauernarbeit im Rheinwald. Basel 1943.

Maissen, Alfons: Werkzeuge und Arbeitsmethoden des Holzhandwerks in Romanisch Bünden. Die sachlichen Grundlagen einer Berufssprache. Erlenbach-Zürich 1943. (= Romanica Helvetica 17.)

Peesch, Reinhard: Holzgerät in seinen Urformen. Berlin 1966. (= Veröff. d. Inst. f. dt. Vkde. d. Dt. Akad. d. Wiss. zu Berlin 42.)

Reissinger, G.: Die Konstruktionsgrundlagen der Axt. Hamburg/Berlin 1959.

Schmitt, Otto: Holzarbeit in den oberbayerischen Bergen. In: Dt. Gaue 34 (1933), S. 110.

Schmitter, W.: Waldarbeit und Waldarbeiter im Prätigau. Schiers 1953.

Wildhaber, Robert: Bäuerliche Sägen. In: SchweizVk. 44 (1954), S. 30–34.

Aneignende Wirtschaft

Imkereigeräte

Armbruster, Ludwig: Der Bienenstand als völkerkundliches Denkmal. Neumünster in Holstein 1928. (= Bücherei f. Bienenkde. VIII.)

Armbruster, Ludwig: Die alte Bienenzucht der Alpen. Zugleich ein Beitrag zur Völkerkunde Europas. Neumüster in Holstein 1928. (= Bücherei f. Bienenkde. IX.)

Bischoff, Johann: Die Zeidelhuben und Bienenpflege im Sebalder Reichswald zwischen Erlangen und Nürnberg in siedlungs- und waldgeschichtlicher Hinsicht. In: Zs. f. fränk. Landesforsch. 6 (1956).

Dichtel, Franz: Rund um den Bienenstock. In : Kat. d. gleichnam. Ausst. Freistadt 1959.

Haiding, Karl: Bienenzucht und Lebzelterhandwerk. In: Kat. d. Heimatmus. Trautenfels/Stmk. 1957.

Haiding, Karl: Die alten Bienenwohnungen im Bezirk Liezen. In: Zs. d. Hist. Ver. f. Stmk. L (1959), S. 171–198.

Rüdiger, Wilhelm: Ihr Name ist Apis. Kleine Kulturgeschichte der Biene. Ulm 1974.

Schier, Bruno: Der Bienenstand in Mitteleuropa. In: ZsfVk. 1963, S. 97–112, 211–236, 308–312.

Schier, Bruno: Die historische Bienenkunde im Dienste der Volksforschung. In: ZsfVk. 54 (1958), S. 131–139.

Sooder, Melchior: Bienen und Bienenhalten in der Schweiz. Basel 1952. (= Schr. d. Schweiz. Ges. f. Vkde. 34.)

Sooder, Melchior: Die alten Bienenwohnungen der Schweiz. In: SchweizArchfVk. 43 (1946).

Filmdokumentation

Eine wichtige Rolle spielt die Filmdokumentation von bäuerlichen und handwerklichen Arbeitsvorgängen. Solche Filme hat das Institut für den Wissenschaftlichen Film, Göttingen, in Zusammenarbeit mit dem Institut für Volkskunde der Kommission für Bayerische Landesgeschichte bei der Bayerischen Akademie der Wissenschaften, München, sowie das letztgenannte Institut für Volkskunde, München, in eigener Regie gedreht.

Filme des Instituts für den Wissenschaftlichen Film

Sektion Völkerkunde, Volkskunde / Ethnologie:
Der Schindelmacher in Frauenberg bei der Arbeit. Wiss. Leitung u. Textheft: Günther Kapfhammer. Film E 1447 (schwarzweiß, stumm, $16\frac{1}{2}$ min). Göttingen 1967. (Drehort: Frauenberg, Lkr. Landshut.)

Herstellen eines hölzernen Rechens in Mauth. Wiss. Leitung u. Textheft: Günther Kapfhammer. Film E 1448 (schwarzweiß, stumm, 26 min). Göttingen 1967. (Drehort: Mauth, Lkr. Freyung.)

Flechten einer Schwinge in Herzogsreut. Wiss. Leitung u. Textheft: Günther Kapfhammer. Film E 1559 (schwarzweiß, stumm, $20\frac{1}{2}$ min). Göttingen 1968. (Drehort: Herzogsreut, Lkr. Freyung.)

Torfstechen im Dachauer Moos. Wiss. Leitung u. Textheft: Günther Kapfhammer. Film E 1560 (schwarzweiß, stumm, $7\frac{1}{2}$ min). Göttingen 1968.

Brotbacken im Gemeindebackhaus in Fladungen. Wiss. Leitung u. Textheft: Günther Kapfhammer. Film E 1449 (schwarzweiß, stumm, $26\frac{1}{2}$ min). Göttingen 1968. (Drehort: Fladungen, Lkr. Bad Neustadt a. d. Saale.)

Alpwirtschaft in Bolsterlang (Arbeitstitel). Wiss. Leitung u. Textheft: Günther Kapfhammer/Miryam Gümbel. (Weitere Angaben noch nicht bekannt.) Göttingen 1977. (Drehort: Bolsterlang, Lkr. Oberallgäu.)

Filme des Instituts für Volkskunde

Reihe Filme zur bayerischen Volkskunde:
Alte Hausweberei in der Oberpfalz. Vorbereitung: Torsten Gebhard / Günther Kapfhammer; Leitung: Günther Kapfhammer; Realisation: Stefan Hirsch. München 1973. (Drehort: Waldthurn, Lkr. Neustadt a. d. Waldnaab.)

Ländliche Seilerei in Mittelfranken. Teile 1–4. Teil I: *Herstellung eines Seils.* Teil II: *Spleißen.* Teil III: *Herstellung von Stricken.* Teil IV: *Hanfhecheln.* Vorbereitung: Torsten Gebhard / Günther Kapfhammer; Leitung: Edgar Harvolk; Realisation: Stefan Hirsch. München 1976. (Drehort: Weiltingen, Lkr. Ansbach.)

Dreschen (Drischeldreschen) im Umland von Aichach. Vorbereitung: Torsten Gebhard / Günther Kapfhammer; Leitung: Toni Grad; Realisation: Stefan Hirsch. München 1976. (Drehort: Walchshofen, Lkr. Aichach-Friedberg.)

Herstellen eines Dreschflegels im Umland von Aichach. Vorbereitung: Torsten Gebhard / Günther Kapfhammer; Leitung: Toni Grad / Edgar Harvolk; Realisation: Stefan Hirsch. München 1976. (Drehorte: Petersdorf, Lkr. Aichach-Friedberg (Holzarbeiten); Altomünster, Lkr. Dachau (Lederarbeiten).)

Weitere Filme (demnächst: *Aussaat, Ernte* und *Weiterverarbeitung des Flachses*) sind in Vorbereitung.

Abbildungsnachweis

Zeichnungen
Die Zeichnungen entstanden anhand von Originalobjekten, Fotos oder anderen Zeichnungen. Soweit sie im folgenden nicht aufgeführt sind, handelt es sich um solche der ersten Auflage nach Vorlagen aus den Archiven von Prof. Dr. Torsten Gebhard, Deisenhofen bei München und des Instituts für Volkskunde der Kommission für Bayer. Landesgeschichte bei der Bayer. Akademie der Wissenschaften, München.

Abb. Nr.	**Fundstelle**
1, 2, 4, 6–8, 18	Dr. Helmut Sperber, München
11	Emil Werth: Grabstock, Hacke und Pflug. Versuch einer Entstehungsgeschichte des Landbaues. Ludwigsburg 1954. S. 158.
12, 13	Heinz-Christian Dosedla: Streifgeräte zur Wiesenbearbeitung. Kommentar zu: Streifgeräte zur Wiesenpflege I–II. In: Österreichischer Volkskundeatlas (ÖVA). Hrsg. v. d. Wiss. Komm. f. d. Volkskundeatlas. 4. Lfg., Wien 1971. Bl. 59–60. – Wien 1973. S. 1–16, bes. S. 6, Abb. 3; S. 9, Abb. 9.
14, 35, 61, 128, 154, 156–160, 164, 168, 177, 182, 228, 245	Prof. Dr. Torsten Gebhard, Deisenhofen bei München
21	Prof. Dr. Werner Endres, München/Regensburg
24–28	Edith Fél/Tamás Hofer: Über monographisches Sammeln volkskundlicher Objekte. In: Festschrift für Alfred Bühler. Basel 1965. S. 77–92, bes. S. 81, Fig. 1, Abb. 1, 4–7.
50–58	Oskar Moser: Grasrechen II – Bildblatt. In: Österreichischer Volkskundeatlas (ÖVA). Hrsg. v. d. Wiss. Komm. f. d. Volkskundeatlas. 4. Lfg., Wien 1971. Bl. 62.
78, 79	Oskar Moser: Die Kärntner Rätsel von »Reiter« und Sieb. Fs. f. Oskar Moser. Klagenfurt 1974. (= Arch. f. vaterländ. Gesch. u. Topogr. 65.) S. 25, Abb. 2; S. 30, Abb. 4; S. 31, Abb. 5.
80, 183, 241	Viktor Herbert Pöttler: Führer durch das Österreichische Freilichtmuseum. Stübing [2]1972. (= Schr. u. Fhr. d. Österr. Freilichtmus. Stübing b. Graz 4.) S. 45, 109, 79
85–87	Manfred Schneider: Herdengeläute (Kuhglocken, Schellen und Rollen). In: Der Schlern 51 (1977), S. 617–622, bes. zw. S. 620 u. 621, Tf. [1] (oben); Tf. [2] (unten).
93–95	Heiner Heimberger: Von Schippenschmieden und Schäferschippen. In: BJbfVk. 1955, S. 57–68, bes. S. 61, Tf. I, Abb. 3, 9; S. 64, Tf. II, Abb. 3, 8.
98	Das Deutsche Hirtenmuseum im Heimatmuseum Hersbruck. Hersbruck 1967. [S. 23.]
103, 104, 140, 200, 201	Camill Schmid: Sach- und Sprachwandel seit 1900, dargestellt am Gemeinschaftswesen und an der Mundart von Bellwald. Basel 1969 (= Publik. d. Schweiz. Ges. f. Vkde. 49.) S. 21, Abb. 14c; S. 23, Abb. 14d; S. 20, Abb. 13c; S. 18, Abb. 11a; S. 20, Abb. 13b.
129	Gertrud Benker: Kuchlgschirr und Essensbräuch. Regensburg 1977. (= Oberpfälzer Kostbarkeiten.) S. 39.
142–144, 150	Edgar Harvolk: Flachs – die Gewinnung der Faser. Hrsg. v. d. Staatl. Mus. Preuß. Kulturbes. Berlin. Berlin 1975. (= Führungsbl. d. Mus. f. Dt. Vkde. 980/22.) [S. 1] Abb. 1 (oben; Mitte; unten); [S. 4] Abb. 9.
155, 167, 198	Franz Prinz zu Sayn-Wittgenstein: Das Rhönmuseum in Fladungen. O. O. [München] u. J. [1970]. (= Die Bayer. Heimatmus. V.) Tf. 84, 77 (ganz rechts), 85.
161	Margarete Hein, München
184–186	Hiltraut Ast: Wasserleitungs- und Brunnenbau an der Schwelle zum Industriezeitalter. In: ÖZsfVk. 80 (1977), S. 24–41, bes. Tf., Abb. 3, 4; S. 29, Skizze 2.
207, 209, 242	Das Kunstholzhandwerk im oberbayerischen Salinen-Forstamtsbezirke Berchtesgaden. Hrsg. v. Kgl. Bayer. Ministerial-Forstbureau. Repr. d. Ausg. München 1859. O. O. [Berchtesgaden] 1968. (= Berchtesg. Schriftenreihe 4.) S. 53, Fig. 88, 87; S. 60, Fig. 108.
212–214	Wolfgang Jacobeit / Rudolf Quietzsch: Forschungen zur bäuerlichen Arbeit und Wirtschaft im Institut für deutsche Volkskunde Berlin. Stand und Aufgaben. In: DJbfVk. 11 (1965). Festg. f. Wolfgang Steinitz. S. 59–82, bes. nach S. 82, Tf. 1, Abb. b, c, f.
215	Wolfgang Jacobeit / Rudolf Quietzsch: Bäuerliches Arbeitsgerät im Museum für Volkskunde zu Berlin. In: 75 Jahre Museum für Volkskunde zu Berlin 1889–1964. Fs. Berlin 1964. S. 65–111, bes. S. 104, Abb. 9.
226	Karl Haiding: Wald und Holz. Hrsg. v. Steierm. Landesmus. Joanneum Graz. Graz 1973. (= Führungsbl. d. Landschaftsmus. Schloß Trautenfels 711/13.) [S. 1] Abb. 1.
243, 244, 246–251	Ludwig Armbruster: Die alte Bienenzucht der Alpen. Zugleich ein Beitrag zur Völkerkunde Europas. Neumünster in Holstein 1928. (= Bücherei f. Bienenkde. IX.) S. 44, Abb. 25 (Mitte); S. 45, Abb. 26 (links; Mitte); S. 64, Abb. 36; S. 78, Abb. 48; S. 116, Abb. 72; S. 47, Abb. 27.

Stiche
Alle Stiche sind dem Werk von »Wolfgang Helmhard von Hohberg: Georgica Curiosa, das ist umständlicher Bericht; und klarer Unterricht von den Adelichen Landleben und Feldbau, auf alle in Deutschland übliche Land- und Hauswirthschaften gerichtet und mit einer merklichen Anzahl schöner Kupffer gezieret. Bd. 1–3. Nürnberg 1682.« entnommen.

Sachverzeichnis

Aufgenommen wurden nur die *Geräte*, und zwar mit den tatsächlich im Text vorkommenden Bezeichnungen. Es empfiehlt sich deshalb, Geräte mit weiteren Benennungen auch bei diesen nachzuschlagen. Die zu einer Sachgruppe gehörenden Geräte sind dem Inhaltsverzeichnis zu entnehmen.

Bavarica im BLV

Simon Aiblinger

Vom echten bayerischen Leben

Bräuche – Feste – Zeitvertreib

Dieses Buch über das an bodenständigem Brauchtum reichste und als Urlaubsregion wichtigste deutsche Land ist eine umfassende Darstellung dessen, was heute noch in ganz Bayern an echter Tradition lebendig ist. Es ist ein zuverlässiger Führer zu den vielen traditionsbestimmten Lebensäußerungen der Bayern, ihren Bräuchen, ihrer Volksmusik, ihren Trachten und Freizeitbeschäftigungen, wie sie heute in Stadt und Land erlebt werden können. Es geht dem Autor nicht um eine historisch orientierte Volkskunde, sondern um eine wohlwollende nicht unkritische Beschreibung bayerischer Lebensart und bayerischen Brauchtums.

2. Auflage, 319 Seiten, 8 Farbtafeln mit 15 Farbfotos, 113 Zeichnungen

Josef Ilmberger

Die bairische Fibel

Über 2000 Begriffe aus dem bairischen Sprachschatz

Eine Fibel ist nach altem Herkommen ein erstes Lesebuch. Die »Bairische Fibel« will das Verständnis und das Interesse für bairische Wesensart und Mundart – bei Einheimischen und »Zuagroastn« – wecken. In der »Bairischen Fibel« finden sich über 2000 der gebräuchlichsten Wörter und Begriffe, Redensarten und Scherze, Saftiges und Originelles. Zusammengestellt und erklärt von Josef Ilmberger, einem jahrelangen Mitarbeiter der Wörterbuchkommission bei der Bayerischen Akademie der Wissenschaften.

223 Seiten

Erna Horn

Bayrische Kuchl

Alte bayrische Originalrezepte

Eine gaumenfrohe Sammlung alter bayrischer Rezepte zum Kochen, Braten und Backen zusammengetragen von einer geborenen Münchnerin, die als Kochbuchautorin weit über Bayern hinaus bekannt geworden ist. Eine liebenswerte Darstellung der bayrischen Eß- und Kochtradition, in der unter anderem auch Originalrezepte wortgetreu wiedergegeben sind.

207 Seiten, 8 Farbtafeln, 41 Zeichnungen

BLV Verlagsgesellschaft München